*Teubner Studienbücher Chemie*

**Matthias Epple**

# Biomaterialien und Biomineralisation

# Teubner Studienbücher Chemie

Herausgegeben von

Prof. Dr. rer. nat Christoph Elschenbroich, Marburg
Prof. Dr. rer. nat. Dr. h.c. Friedrich Hensel, Marburg
Prof. Dr. phil. Henning Hopf, Braunschweig

Die Studienbücher der Reihe *Chemie* sollen in Form einzelner Bausteine grundlegende und weiterführende Themen aus allen Gebieten der Chemie umfassen. Sie streben nicht die Breite eines Lehrbuchs oder einer umfangreichen Monographie an, sondern sollen den Studenten der Chemie - aber auch den bereits im Berufsleben stehenden Chemiker – kompetent in aktuelle und sich in rascher Entwicklung befindende Gebiete der Chemie einführen. Die Bücher sind zum Gebrauch neben der Vorlesung, aber auch anstelle von Vorlesungen geeignet. Es wird angestrebt, im Laufe der Zeit alle Bereiche der Chemie in derartigen Lehrbüchern vorzustellen. Die Reihe richtet sich auch an Studenten anderer Naturwissenschaften, die an einer exemplarischen Darstellung der Chemie interessiert sind.

# Matthias Epple

# Biomaterialien und Biomineralisation

## Eine Einführung für Naturwissenschaftler, Mediziner und Ingenieure

B. G. Teubner  Stuttgart · Leipzig · Wiesbaden

Bibliografische Information Der Deutschen Bibliothek
Die Deutsche Bibliothek verzeichnet diese Publikation in der Deutschen Nationalbibliografie;
detaillierte bibliografische Daten sind im Internet über <http://dnb.ddb.de> abrufbar.

Matthias Epple (*1966) studierte Chemie an der Technischen Universität Braunschweig und
promovierte 1992 bei Prof. Cammenga. Nach einem Postdoktorat 1993 an der University
of Washington in Seattle/USA (Prof. Berg) fertigte er von 1994-1997 seine Habilitation an
der Universität Hamburg an (Prof. Reller). 1998 erhielt er den Heinz-Maier-Leibnitz-Preis der
DFG und ein Heisenberg-Stipendium. Seit 2000 ist er Professor für Anorganische Chemie
an der Ruhr-Universität Bochum.

1. Auflage August 2003

Umschlaggestaltung: Ulrike Weigel, www.CorporateDesignGroup.de

Gedruckt auf säurefreiem und chlorfrei gebleichtem Papier.

ISBN 978-3-519-00354-0        ISBN 978-3-322-80035-0 (eBook)
DOI 10.1007/978-3-322-80035-0

# Zum Geleit

Dies ist das richtige Buch zum richtigen Zeitpunkt. Denn der Autor hat erkannt, dass in der Mineralbildung eine große Verständnislücke zwischen den Materialwissenschaften und der Biologie besteht. Da diese Lücke überwiegend in der Schwierigkeit besteht, die jeweils anderen Methoden der Gebiete zu verstehen, hatte sich der Autor als erster überhaupt entschlossen, einen Workshop über Methoden unter dem Titel „Grundlegende Aspekte der Biomineralisation" anzubieten. Dieser Workshop fand im Rahmen des DFG-Schwerpunktprogramms „Prinzipien der Biomineralisation", das von Prof. P. Behrens organisiert wird, im Oktober 2002 statt. Die schwierige Aufgabe, physikalische und biologische Methoden so einfach zu erklären, dass alle – Materialwissenschaftler, Biologen, Mediziner und Ingenieure – sie verstehen, wurde dabei von den meisten Rednern erstaunlich gut gelöst.

Diese Vereinfachung aus der Fülle der Details, die der Autor offensichtlich in seinen Vorlesungen erprobt hatte, ist in seinem Buch meisterhaft verwirklicht. Nicht nur als Grundlage der Lehre, sondern auch zum Nachschlagen dient dieses Buch in exemplarischer Weise. Es hilft, sich zuerst der Grundlagen der Chemie fester Stoffe, der wichtigen analytischen Methoden, mechanischer und biologischer Testverfahren zu versichern. In beachtlicher Kürze werden Stoffklassen und Herstellungsverfahren der Biomaterialien, vor allem an Fallbeispielen für die Medizin vorgestellt. Wenn man diese als Materialien *für* die Biologie und Medizin bezeichnet, dann steigert sich jetzt das Buch von den wichtigsten Materialien *aus* der Biologie, über die Prinzipien ihrer Formbildung zu den für uns wichtigsten Beispielen der Biomineralisation, den Zähnen und Knochen. Der Autor ist einer der wenigen Materialwissenschaftler, die sich umfassend und intensiv der biologischen Mineralbildung genähert haben. M. Epple hat aus dieser Annäherung ein bewundernswertes intuitives Potential gewonnen, das ihn in Kooperation mit der klinischen Medizin befähigt hat, bioresorbierbare Schädelimplantate mit poröser Struktur auf chemischer Basis zu entwickeln. Diese Erfindung ermöglicht es vielleicht in der Zukunft, die derzeitigen nicht resorbierbaren Titanimplantate im Schädelbereich zu ersetzen.

So empfehle ich dieses Buch als Quelle vieler Analogien.

Edmund Bäuerlein, Max-Planck-Institut für Biochemie Martinsried, Abteilung Membranbiochemie, München, Juni 2003

# Vorwort

Dieses Buch basiert auf einer gleichnamigen Vorlesung an der Ruhr-Universität Bochum und auf eigenen Forschungsarbeiten in den genannten Gebieten. Beim Einstieg in die Gebiete der Biomaterialien und der Biomineralisation fand ich mich im Schnittpunkt von Biowissenschaften (Biologie, Medizin) und Materialwissenschaften (Chemie, Physik, Kristallographie, Werkstoffkunde) wieder. Wie wohl jeder andere stellte ich schnell fest, dass mir als (Festkörper-)Chemiker viele Grundlagen der anderen Fächer in meiner Ausbildung kaum oder nie begegnet waren, so beispielsweise die Werkstoffmechanik (was ist ein Elastizitätsmodul?), die Zellbiologie (was sind Mitochondrien?), die allgemeine Zoologie und Botanik (was sind Gastropoden?) und die Medizin (was sind Endoprothesen?). In die chemischen Grundlagen (z.B. die Konzepte der Nichtstöchiometrie, der Kristallographie, der Löslichkeit) fand ich mich naturgemäß schnell hinein. Einem Werkstoffwissenschaftler, Biologen oder Mediziner mag es gerade anders herum gehen. Für eine erfolgreiche Tätigkeit in diesen Gebieten muss sich also jeder in andere Fächer einarbeiten, nicht nur, um selbst zu forschen, sondern auch, um mit Kollegen aus den anderen Fächern überhaupt kommunizieren zu können. Als Chemiker stellt man mit Erstaunen fest, wie vielfältig und neuartig die Fachsprache der Biologen und Mediziner ist, deren wesentliche Begriffe man oft noch nie gehört hat. Andere Fachkollegen kämpfen vermutlich ebenso mit der oft schwer auszusprechenden Sprache der Chemiker, wenn es um Polyethylenterephthalat oder um Kaliumhexacyanoferrat(II) geht. Ein wesentliches Anliegen dieses Buches ist es daher, die Sprachbarriere zwischen den Disziplinen überwinden zu helfen und auf verständliche Art und Weise die jeweils fehlenden Grundlagen zu präsentieren.

Um der interdisziplinären Natur der beiden Forschungsgebiete Rechnung zu tragen, werden die chemischen, biologischen und mechanischen Grundlagen jeweils im Überblick behandelt, um in der Übersicht der Stoffklassen und Anwendungen die beiden Gebiete darzustellen. An illustrativen Fallbeispielen wird der Stand der Forschung illustriert. Um die Lektüre zu erleichtern, befindet sich am Ende des Buches ein umfangreiches Glossar, in dem wichtige Begriffe aus Chemie, Werkstoffkunde, Biologie und Medizin in kurzer, aber nicht erschöpfender Form erklärt werden. Zahlreiche Bilder mögen dem Leser das Verständnis der theoretischen Grundlagen erleichtern.

Dieses Buch ist keine Monografie; eine umfassende Darstellung ist in diesem Umfang nicht möglich. Der interessierte Leser sei daher auf die am Ende angegebene weiterführende Literatur verwiesen. Die Auswahl der Beispiele dient einerseits didaktischen Zwecken, ist aber naturgemäß durch die eigenen Erfahrungen beeinflusst. Der geneigte Leser sei daher um Verständnis für die Stoffauswahl gebeten, die durch einen

Chemiker getroffen wurde. Ein Biologe oder Mediziner hätte vielleicht andere Schwerpunkte gesetzt. Da hier aber die übergeordneten Prinzipien im Vordergrund stehen, ist die Art des gewählten Beispiels vielleicht nicht ganz so entscheidend.

Das Buch enthält Beiträge von Mitgliedern meiner Arbeitsgruppe und einer Reihe von Kooperationspartnern. Ihnen allen sei herzlich für ihre Beiträge und Diskussionen gedankt. Hervorheben möchte ich besonders die Bildbeiträge von Alexander Becker, Denise Bogdanski, Sabine Bollmann, Martin Bram, Stefan Esenwein, Bernd Hasse, Arndt Klocke, Manfred Köller, Julia Marxen, Oleg Prymak, Drazen Tadic, Valery Putlayev, Ilka Sötje, Henry Tiemann, Michael Wehmöller (CCB Bochum), Thea Welzel und Andreas Ziegler. Ich danke auch dem Teubner-Verlag (besonders Frau Laux) für die gute Zusammenarbeit und Herrn Hopf für die Einladung, dieses Buch zu schreiben.

Ein Buch zu schreiben kostet viel Zeit, die letzlich vom Privatleben abgeht. Ich möchte dieses Buch daher meinen Söhnen Felix, Tim, Paul und Jakob und meiner Frau Angela widmen, die ihren Vater und Ehemann für viele Stunden am Abend und am Wochenende nur schreibenderweise erleben konnten.

Zur Einstimmung noch ein besonders sympathisches Biomineral: Der Liebespfeil der Weinbergschnecke, der aus reinem Aragonit (Calciumcarbonat) besteht.

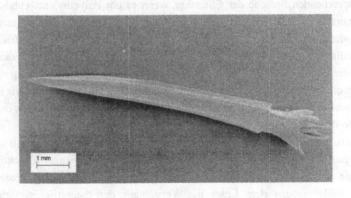

Matthias Epple, Hattingen, Juni 2003

# Inhaltsverzeichnis

# 1 Einleitung

Biomaterialien ersetzen verlorengegangene Körperfunktionen, entweder allein oder in Kombination mit elektrischen oder elektronischen Bauteilen. Künstliche Haut, künstliche Adern, künstlicher Knochen, Hüftprothesen, Herzschrittmacher, Implantate, Zahnersatz: Alle diese Errungenschaften der modernen Medizin beruhen letztlich auf geeigneten Werkstoffen, die sowohl biologischen als auch chemischen und mechanischen Ansprüchen genügen müssen. Zur Entwicklung bedarf es der gemeinsamen Kompetenz von Medizinern, Chemikern, Physikern, Biologen und Ingenieuren. Dieses Buch soll in die notwendigen Grundlagen in einer für alle diese Ausbildungsrichtungen verständlichen Weise einführen. Die biologische Erzeugung von Materialien in der belebten Natur („Biomineralisation"; z.B. Zähne und Knochen in Wirbeltieren; Schalen, Panzer und Stacheln in Wirbellosen) wird hier diskutiert, um übergeordnete Prinzipien von Biokompatibilität und Biogenese von solchen Festkörpern darzustellen.

Biomaterialforschung und Biomineralisation haben einiges gemeinsam. Man wird beim Lesen feststellen, dass viele Biomaterialien im Kontakt mit Hartgewebe (insbesondere Knochen und Zähnen) stehen. Damit gewinnt die natürliche Bildung dieser Hartgewebe (die Biomineralisation) auch für die Biomaterial-Entwicklung große Bedeutung, denn wie kann man beispielsweise einen guten Ersatz für Knochen schaffen, wenn man die Prinzipien der Knochenbildung nicht kennt? Da das Ziel der modernen Biomaterialforschung die Wiederherstellung verlorengegangener Körperfunktionen (z.B. Gelenkersatz) ist, wird man sich auch mit den biologischen Hintergründen beschäftigen. Man greift auch in mehreren Fällen auf die biologischen Vorbilder zurück. So dienen gebrannte Rinderknochen, chemisch umgesetzte Kalkalgen und Korallen als poröse Knochenersatzstoffe.

Ein zunehmend wichtiger werdender Zweig der Materialforschung („*biomimetic materials chemistry*") beschäftigt sich mit der Übertragung der biologischen Bauprinzipien in die synthetische Laboratoriumspraxis, inspiriert insbesondere durch die außergewöhnlichen mechanischen (Muschelschalen, Knochen, Zähne) und optischen (Perlmutt, Schneckenschalen) Eigenschaften von Biomineralien, die aus einfachsten anorganischen Grundsubstanzen (Calciumcarbonat, Calciumphosphat, Kieselsäure, Eisenoxid) bestehen. Letzteres gilt allerdings nur, wenn man die organischen Anteile vernachlässigt; das Wechselspiel zwischen anorganischem Mineral und organischer Matrix steht daher im Zentrum der laufenden Forschung. Ein Verständnis der biologischen Grundlagen mag also auch für die „nicht-biologische Materialforschung" in Zukunft an Bedeutung gewinnen.

# 2 Grundlagen der Chemie fester Stoffe

## Chemische Verbindungen

Chemische Verbindungen sind durch eine definierte Zusammensetzung aus Atomen gekennzeichnet. So besteht ein Molekül Schwefelsäure, $H_2SO_4$, aus zwei Wasserstoffatomen (H), einem Schwefelatom (S) und vier Sauerstoffatomen (O). Für Moleküle gilt immer: Die Atome treten in ganzzahligen Verhältnissen zusammen. Dies ist schon vor etwa 200 Jahren im „Gesetz der konstanten Proportionen" (Proust, 1799) und im „Gesetz der multiplen Proportionen" (Dalton, 1803) formuliert worden. Bei festen Stoffen gilt diese Regel nicht immer. Insbesondere bei Festkörpern, die aus Ionen (geladenen Atomen) zusammengesetzt sind, kann es zu nicht-ganzzahligen Verhältnissen der beteiligten Elemente kommen. Dies soll an zwei Beispielen erläutert werden.

Als erstes Beispiel betrachten wir das Eisen(II)oxid mit der Summenformel FeO = $(Fe^{2+})(O^{2-})$. Zum Ladungsausgleich benötigen wir für jedes Eisen(II)ion ein Sauerstoffion. Dies gilt zunächst auch, wenn viele Formeleinheiten in einem Festkörper vorkommen (Größenordnung $N_A = 6.023 \cdot 10^{23}$). Da Eisen aber auch in der Lage ist, den dreiwertigen Zustand einzunehmen, ist im Eisen(II)oxid stets ein kleiner Anteil der Eisen(II)ionen zu Eisen(III)ionen oxidiert. Dadurch benötigt man zur Kompensation der Ladung der Sauerstoffionen weniger Eisen, so dass sich die Summenformel $(Fe^{2+}, Fe^{3+})(O^{2-}) = Fe_{1-\delta}O$ ergibt. $\delta$ ist dabei zwar eine kleine Zahl ($<<1$), aber als Resultat liegt das Eisen(II)oxid nicht mehr als 1:1 Verbindung von Fe und O vor. Man bezeichnet dies als „Nichtstöchiometrie".

Als zweites Beispiel betrachten wir das wichtigste Calciumphosphat, den Hydroxylapatit $Ca_{10}(PO_4)_6(OH)_2$. Dies ist die Grundsubstanz der Mineralphase in Knochen und Zähnen. Hier können andere zweiwertige Ionen den Platz des (zweiwertigen) Calciums einnehmen, z.B. $Mg^{2+}$, $Pb^{2+}$, $Cd^{2+}$ (letzteres tritt z.B. bei einer Schwermetallvergiftung auf, bei der die Schwermetalle in Knochen oder Zähne eingelagert werden). Dies bezeichnet man als Substitution. Für einen Magnesium-substituierten Hydroxylapatit kann man also die Formel $Ca_{10-x}Mg_x(PO_4)_6(OH)_2$ angeben, wobei x meist eine kleine Zahl ist.

## Aggregatzustände und Kristallographie

In der Chemie unterscheidet man die drei Aggregatzustände fest, flüssig und gasförmig (z.B. $H_2O$ als Eis, Wasser und Wasserdampf), die mit zunehmender Temperatur der Reihe nach durchlaufen werden. Die Aggregatzustände unterscheiden sich durch den Grad der Ordnung der beteiligten Bausteine (Atome oder Moleküle):

Abbildung 1: Ein natürliches Kristallaggregat aus mehreren zusammengewachsenen Kristalliten, in dem die äußere Symmetrie der einzelnen Kristallite die Anordnung der Atome auf atomarer Skala widerspiegelt.

Im Festkörper liegt meist eine hohe Ordnung vor, verbunden mit einer geringen Beweglichkeit der Bausteine. Die Packungsdichte ist hoch, d.h. zwischen den Bausteinen ist wenig Totvolumen vorhanden. Daraus resultiert für Festkörper eine hohe Dichte von typischerweise 1-10 g cm$^{-3}$. In Flüssigkeiten ist diese Ordnung aufgehoben; die Bausteine sind beweglicher, sie können ihren Ort verändern. Die Packungsdichte ist aber noch fast genauso groß wie bei Festkörpern, d.h. die Dichte ist von der gleichen Größenordnung wie bei Festkörpern (ebenfalls typischerweise 1-10 g cm$^{-3}$). In einem Gas liegt keine strukturelle Ordnung vor; hinzu kommt nun der Verlust der hohen Packungsdichte, so dass die Abstände zwischen den Bausteinen groß werden. Die Dichte ist dementsprechend erheblich kleiner und liegt in der Größenordnung von einigen mg cm$^{-3}$. Die Aggregatzustände von Stoffen werden in Klammern nach der Summenformel angegeben: $H_2O$ (s) = Eis; $H_2O$ (l) = Wasser; $H_2O$ (g) = Wasserdampf; NaCl (aq) = in Wasser gelöstes NaCl.

Die Materialforschung beschäftigt sich mit der Herstellung von chemischen Stoffen, die als Werkstoffe dienen können, z.B. als Baumaterialien, als Beschichtungen, als Gewebe, als Werkzeuge oder als Displays. Die Biomaterialforschung ist ein Teilgebiet der modernen Materialforschung. Die meisten Materialien liegen als Festkörper vor, d.h. als innige Zusammenlagerungen von chemischen Primärbausteinen wie Atomen und Molekülen. Die wichtigsten Stoffklassen (Metalle, Keramiken, Polymere) werden in Kapitel 6 behandelt. In diesem Kapitel sollen die grundlegenden Eigenschaften von Festkörpern behandelt werden, die für ein Verständnis der Eigenschaften von Biomaterialien und Biomineralien unerläßlich sind.

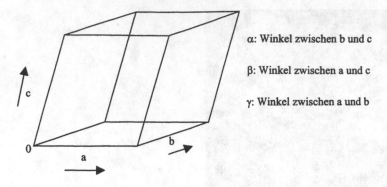

α: Winkel zwischen b und c

β: Winkel zwischen a und c

γ: Winkel zwischen a und b

Abbildung 2: Jede Elementarzelle eines Kristalls ist durch sechs Parameter gekennzeichnet: Drei Kantenlängen $a$, $b$, $c$ und drei Winkel $\alpha$, $\beta$, $\gamma$.

Feste Stoffe liegen oft als Kristalle vor. Ein Kristall ist eine hochgeordnete Anordnung der Einzelbausteine, in der Regel in einer dichten Packung, die möglichst wenig Totvolumen übrig läßt. Da sich die Bausteine gegenseitig anziehen (sonst gäbe es keinen Kristall), streben sie danach, sich möglichst nahe zu kommen; daher kommt die möglichst dichte Packung. Die Lehre von Kristallen, ihren Strukturen und ihren Eigenschaften wird als Kristallographie bezeichnet. Die Kristallographie ist ein sehr altes, eigenständiges Fachgebiet, das in Deutschland an Universitäten aus historischen Gründen meist in geowissenschaftlichen Fachbereichen angesiedelt ist.

Die lange Geschichte der Kristallographie liegt am Vorkommen vieler Mineralien als Einkristalle, aus denen sich die innere Symmetrie der Anordnung auf atomarer Ebene ableiten läßt (Bergkristalle, Pyrit-Würfel und Salzwürfel sind prominente Beispiele; Abb. 1).

Diese für das jeweilige Mineral charakteristische Form kennt man aus dem Bergbau schon sehr lange, und ebenso alt ist der Versuch, diese hohe Symmetrie mit einer inneren Ordnung in Verbindung zu bringen. Heute weiß man, dass geordnete Festkörper aus kleinsten strukturellen Einheiten aufgebaut sind, die sich in allen drei Raumrichtungen vielfach wiederholen. Diese räumliche Einheit ist ein Parallelepiped, das man als Elementarzelle bezeichnet (d.h. ein Quader, in dem die drei Winkel zwischen den Kanten vom rechten Winkel abweichen können). Dieses Volumenelement ist durch sechs Parameter eindeutig zu beschreiben: Die drei Kantenlängen $a$, $b$, $c$ und die drei Winkel $\alpha$, $\beta$, $\gamma$ (Abb. 2).

Im Allgemeinen sind die Kantenlängen von der Größenordnung einiger Ångström (1 Å = $10^{-10}$ m = 0.1 nm) und die Winkel in der Gegend von 90°. In diesem Volumen-

4

element liegen die Bausteine des Kristalls (Atome, Ionen und Moleküle) in allen Elementarzellen am gleichen Ort. Die Position jedes Atoms im Kristall wird als Bruchteil der jeweiligen Kantenlänge angegeben, d.h. als Zahl zwischen null und eins, wobei ein Koordinatensystem verwendet wird, das sich an den drei Winkeln der Elementarzelle orientiert. Man kann zeigen, dass es nur sieben Möglichkeiten gibt, Elementarzellen aufzustellen. Dies sind die sieben Kristallsysteme kubisch („Würfel"; $a = b = c$; $\alpha = \beta = \gamma = 90°$), tetragonal („Bauklötzchen"; $a = b$; $c$; $\alpha = \beta = \gamma = 90°$), orthorhombisch („Schuhkarton"; $a$; $b$; $c$; $\alpha = \beta = \gamma = 90°$), monoklin („gekippter Quader mit Parallelogramm-Fläche"; $a$; $b$; $c$; $\alpha = \gamma = 90°$; $\beta \neq 90°$), triklin ($a$; $b$; $c$; $\alpha \neq 90°$; $\beta \neq 90°$; $\gamma \neq 90°$), trigonal ($a = b = c$; ($\alpha = \beta = \gamma$) $\neq 90°$) und hexagonal („sechseckiges Prisma"; $a = b$; $c$; $\alpha = \beta = 90°$; $\gamma = 120°$).

Für jede chemische Verbindung, die als Kristall vorliegt, läßt sich eine solche Elementarzelle angeben. Zusammen mit den Koordinaten der Atome und der Raumgruppe (innere Symmetrie eines Kristalls) beschreibt sie die Kristallstruktur eindeutig. Die Raumgruppe umfasst als mathematische Gruppe die Gesamtheit aller Symmetrieoperationen eines Kristalls (siehe hierzu Lehrbücher der Kristallographie oder der Festkörperchemie).

Da die Kristallstruktur die meisten Eigenschaften eines Festkörpers bestimmt (z.B. Härte, elektrische Leitfähigkeit, thermische Leitfähigkeit, Farbe, Reaktivität, Löslichkeit), ist ihre Kenntnis sehr wichtig. Zur Aufklärung der Kristallstrukturen wurden daher spezielle Methoden entwickelt, die durch Beugung von Röntgenstrahlen, Neutronen oder Elektronen die Kristallstruktur lösen können (siehe Kapitel 3).

Nicht alle festen Stoffe sind kristallin. Viele Materialien (z.B. Gläser, viele Polymere, viele biologische Werkstoffe wie Holz und Gewebe) sind zwar fest, weisen aber keine Fernordnung der Bausteine auf. Sie sind amorph. Das bedeutet, dass man für sie keine Kristallstruktur angeben kann, da die üblicherweise verwendeten Beugungsmethoden versagen. Dies erschwert die Vorhersage von Eigenschaften erheblich. Unser Wissen über amorphe Phasen ist auch heute noch viel begrenzter als das über kristalline Phasen; im Lichte der Tatsache, dass viele biologisch und medizinisch relevante Stoffe amorph sind, ist dies eine bedauerliche Tatsache.

Die mechanischen Eigenschaften eines Werkstoffs werden von seiner chemischen Zusammensetzung bestimmt; ausschlaggebend für einen gegebenen Werkstoff ist aber seine Mikrostruktur. In den seltensten Fällen liegen Werkstoffe als Einkristalle vor, d.h. als dreidimensional vergrößerte Elementarzelle. Normalerweise bestehen Werkstoffe aus vielen kleinen einkristallinen Domänen, sogenannten Kristalliten von der Größe einiger Mikrometer. Diese sind meist unregelmäßig geformt und in unterschiedlichen kristallographischen Richtungen orientiert. Man weiß heute, dass diese

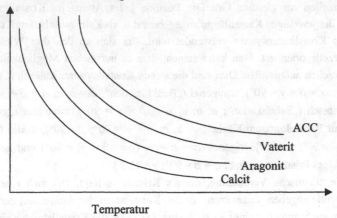

CaCO₃-Konzentration in Lösung

ACC
Vaterit
Aragonit
Calcit

Temperatur

Abbildung 3: Schematischer Vergleich der Löslichkeiten von vier Calciumcarbonat-Modifikationen, deren Energieinhalt pro mol in der Reihe Calcit<Aragonit<Vaterit<ACC (amorphes Calciumcarbonat) zunimmt.

mikroskopische Gefügestruktur ausschlaggebend für die Festigkeit eines Werkstoffs ist. Da das mechanische Versagen eines Werkstücks auf Rissbildung zurückzuführen ist, sind Geometrie und Zusammenhalt der Domänen hierfür entscheidend. Die heutigen Anstrengungen zur mechanischen Optimierung metallischer und keramischer Werkstoffe sind auf Verständnis und Einstellung der mikroskopischen Gefügestruktur gerichtet.

## Polymorphie

Als Polymorphie bezeichnet man die Fähigkeit von chemischen Verbindungen, bei gleicher Summenformel in unterschiedlichen Kristallstrukturen aufzutreten. Dies ist weitverbreitet in der Chemie, auch bei den für die Biologie relevanten anorganischen Kristallen. Die chemische Verbindung „Calciumcarbonat" = „CaCO₃" kann beispielsweise in drei kristallinen Formen (oder „polymorphen Phasen" oder „Polymorphen" oder „Modifikationen") vorkommen: Als Calcit, als Aragonit und als Vaterit. Alle drei Phasen haben die Zusammensetzung „CaCO₃"; sie unterscheiden sich aber in der Anordnung der Ionen im Kristall (d.h. auch andere Elementarzellen). Dies führt zu unterschiedlichen chemischen und physikalischen Eigenschaften, wie z.B. Löslichkeit oder Härte. Da sich die einzelnen polymorphen Phasen in ihrem Energieinhalt unterscheiden (bedingt durch unterschiedliche Gitterenergien im Kristall), kann man sie in dieser Hinsicht anordnen. Die energieärmste Phase ist die thermodynamisch stabilste Phase (hier: Calcit), energetisch darüber liegt die metastabile Phase Aragonit und noch höher die instabilste Phase Vaterit. Obwohl sie nicht den energetisch günstigsten Zustand einnehmen, können metastabile Phasen beliebig lange stabil sein. So bestehen viele Muschel- und Schneckenschalen aus Aragonit, der eigentlich instabileren Modifikation, ohne dass hier eine Umwandlung beobachtet wird. Polymorphie tritt auch bei organisch-chemischen Festkörpern (z.B. vielen Pharmaka) und auch bei kristallisierten Proteinen auf. Es gibt aber auch viele Verbindungen, die nur in einer einzigen festen Modifikation vorkommen (z.B. Natriumchlorid).

## Löslichkeit

Die Löslichkeit eines chemischen Stoffes ist bei gegebenem Lösungsmittel, gegebener Temperatur, gegebenem Druck und in Abwesenheit von Fremdstoffen (z.B. anderen gelösten Salzen) eine Stoffkonstante, die meist in g L$^{-1}$ oder mol L$^{-1}$ angegeben wird. Bei niedrigen Löslichkeiten von ionisch aufgebauten Kristallen (Salzen) verwendet man das Löslichkeitsprodukt $L$. Dieses ist als Produkt der Ionenkonzentrationen in der gesättigten Lösung über einem Festkörper definiert und stellt eine thermodynamische Konstante dar. Für den Hydroxylapatit, $Ca_{10}(PO_4)_6(OH)_2$, gilt beispielsweise in Wasser

$$L = [Ca^{2+}]^{10} \cdot [PO_4^{3-}]^6 \cdot [OH^-]^2 = 10^{-116.8} \ (mol \ L^{-1})^{18}$$
$$= 10^{-116.8} \ mol^{18} \ L^{-18} = 10^{-116.8} \ M^{18} = const.$$

Hierbei ist die jeweilige Summenformel zu beachten. Zum Beispiel kann Hydroxylapatit auch als $Ca_5(PO_4)_3OH$ formuliert werden. In diesem Fall beträgt das Löslichkeitsprodukt scheinbar nur noch $10^{(-116,8/2)} \ M^9 = 10^{-58.4} \ M^9$. An der Löslichkeit ändert sich durch diese unterschiedliche Formulierung natürlich nichts. Außerdem ist es wichtig zu erkennen, dass das Löslichkeitsprodukt keine dimensionslose Größe ist. Wird es in logarithmierter Form angegeben, so muss die dazugehörige Summenformel oder die Einheit mit angegeben werden.

Für einen gegebenen Stoff (z.B. Hydroxylapatit) ist das Löslichkeitsprodukt eine thermodynamische Stoffkonstante, die im Falle eines reinen Lösungsmittels (z.B. reinen Wassers) nur von Temperatur und Druck abhängt. Da der Druck im Allgemeinen konstant ist und da die Druckabhängigkeit der Löslichkeit gering ist, bleibt die

Temperatur als Variable. Die Löslichkeit eines Stoffes kann mit der Temperatur zunehmen (viele Salze), konstant bleiben (z.B. Kochsalz NaCl) oder abnehmen (z.B. $CaCO_3$). Ist das in einer Lösung vorliegende Ionenprodukt größer als $L$, so ist die Lösung übersättigt (Feststoff kann ausfallen), ist es $<L$, so ist sie untersättigt (Niederschläge lösen sich auf).

Es ist zu beachten, dass die in Tabellenwerken angegebenen Löslichkeiten für reine Stoffe gelten, d.h. beispielsweise für stöchiometrischen Hydroxylapatit $Ca_{10}(PO_4)_6(OH)_2$. In drei Fällen kann die Löslichkeit (bei gegebener Temperatur!) vom tabellierten Wert abweichen. Falls einzelne Ionen im Gitter durch andere ersetzt (substituiert) sind (z.B. Calcium durch Magnesium), so kann die Löslichkeit in nicht *a priori* vorhersagbarer Weise zu- oder abnehmen. Zum zweiten hängt die Löslichkeit von der Partikelgröße ab. Es gilt ganz allgemein, dass kleinere Partikel eine höhere Löslichkeit aufweisen als größere Partikel. So hat ein feingepulverter Hydroxylapatit eine höhere Löslichkeit als ein grobkörniger Hydroxylapatit. Zum dritten weisen defektbehaftete oder amorphe Festkörper eine höhere Löslichkeit als gut kristalline Phasen auf.

Die Löslichkeit hängt allgemein vom Energieinhalt der jeweiligen Phase ab. So sind energiereichere polymorphe Phasen besser löslich als energieärmere (Abb. 3).

## Thermodynamik

Die chemische Thermodynamik beschäftigt sich mit dem Zusammenhang zwischen chemischen Reaktionen und ihrem Energieumsatz. Als Energieformen treten hier beispielsweise thermische Energie (Wärme), mechanische Energie (auch Druck), elektrische Energie (z.B. in einer Batterie) und chemische Energie (z.B. die im Knallgas $\dot{H}_2/O_2$ gespeicherte Energie) auf. Die mit einer chemischen Reaktion verbundene Wärmetönung bezeichnet man bei konstantem Druck (was in biologischen Systemen der Fall ist) als Reaktionsenthalpie $\Delta_r H$, wobei der Index „r" für „Reaktion" steht. Bei exothermen Reaktionen wird Wärme frei, definitionsgemäß gilt $\Delta_r H < 0$. Bei endothermen Reaktionen wird Wärme verbraucht, es gilt $\Delta_r H > 0$. Obwohl die meisten freiwillig ablaufenden Reaktionen exotherm sind, ist die entscheidende Größe die Freie Reaktionsenthalpie $\Delta_r G$, die die Entropie $\Delta_r S$ mit einschließt. Es gilt die Gibbs-Helmholtz-Gleichung

$$\Delta_r G = \Delta_r H - T \cdot \Delta_r S$$

Ausschlaggebend für die Gangbarkeit einer chemischen Reaktion ist das Vorzeichen der Änderung der Freien Enthalpie. Nur Reaktionen mit negativem Vorzeichen der Freien Enthalpie („exergone Reaktionen"; $\Delta G<0$) laufen freiwillig ab (Gegensatz: „endergone Reaktionen"; $\Delta G>0$).

Die Entropie kann als Maß für den Ordnungsgrad eines Systems aufgefasst werden. Ein sehr „ungeordnetes" System hat eine höhere Entropie als ein „geordnetes" System. So hat beispielsweise Wasserdampf eine höhere Entropie als eine entsprechende Menge Eis, ebenso wie ein gelöstes Salz eine höhere Entropie als ein kristallines Salz aufweist. Wie viele Vorgänge im täglichen Leben (Ordnung→Unordnung) verlaufen die meisten freiwillig ablaufenden chemischen Reaktionen in Richtung zunehmender Entropie.

## Kinetik

Die Thermodynamik macht lediglich Aussagen über die Gangbarkeit chemischer Reaktionen. Sie gibt nicht an, wie schnell solche Reaktionen in der Praxis ablaufen werden. So sollte ein Gemisch aus Wasserstoff und Sauerstoff („Knallgas") thermodynamisch betrachtet sofort unter Energieabgabe zu Wasser reagieren (exergone Reaktion):

$$2\,H_2 + O_2 \rightarrow 2\,H_2O \qquad \Delta_r G < 0$$

Im Experiment beobachtet man allerdings keine Reaktion. Das Knallgasgemisch ist (beispielsweise in einem Luftballon) unter normalen Umständen beliebig lange stabil. Die Reaktionsgeschwindigkeit ist null. Erst wenn man durch Erhitzen, durch einen Funken oder durch einen Lichtblitz Energie zuführt, beginnt die Reaktion schlagartig. Das Knallgasgemisch reagiert nun sehr schnell und sehr heftig zu Wasser; die Reaktionsgeschwindigkeit ist sehr hoch.

Man kann für chemische Reaktionen stets eine Reaktionsgeschwindigkeit (RG) definieren, d.h. angeben, wie schnell die Reaktion abläuft. Als Maß für die Reaktionsgeschwindigkeit dient die Geschwindigkeitskonstante $k$. Je größer $k$ ist, desto schneller läuft die Reaktion ab. In vielen Fällen ist die Reaktionsgeschwindigkeit proportional zu den Konzentrationen der beteiligten Stoffe; in diesem Fall ist $k$ die Proportionalitätskonstante. Für eine Reaktion

$$A + B \rightarrow AB$$

gilt beispielsweise oft das Geschwindigkeits-Gesetz

$$RG = -d[A]/dt = -d[B]/dt = d[AB]/dt = k \cdot [A] \cdot [B]$$

Die Größe von $k$ muss für eine gegebene Reaktion experimentell bestimmt werden; sie ist nur für einfachste Fälle vorhersagbar. Bei sonst konstanten Bedingungen hängt $k$ von der Temperatur und vom Druck ab. Die Arrhenius-Gleichung beschreibt die Temperaturabhängigkeit der Reaktionsgeschwindigkeitskonstanten. Sie hat die Form

$$k = k_o \cdot \exp(-E_A / (R \cdot T))$$

wobei $k_o$ („Stoßfaktor") und $E_A$ („Aktivierungsenergie") für eine gegebene Reaktion charakteristische Konstanten sind. R ist die allgemeine Gaskonstante (8.314 J $K^{-1}$ $mol^{-1}$) und $T$ ist die absolute Temperatur in Kelvin. Der für uns wichtigste Parameter ist die Aktivierungsenergie. Anschaulich ist dies eine energetische Hürde (in kJ $mol^{-1}$), die ein System überschreiten muss, um von den Edukten (z.B. $H_2/O_2$) zu den Produkten (z.B. $H_2O$) zu reagieren (Abb. 4).

Sofern die nötige Energie nicht zur Verfügung steht, um die Aktivierungsenergie aufzubringen, bleibt das System bei den Edukten stehen. Man bezeichnet diesen (potenziell unendlich lange stabilen) Zustand als metastabil; es liegt eine kinetische Hemmung vor. Viele chemische und biologische Systeme sind metastabil; so sollten alle Systeme auf Kohlenwasserstoffbasis thermodynamisch betrachtet eigentlich sofort mit dem Luftsauerstoff zu $CO_2$ und $H_2O$ abreagieren (entsprechend einer Verbrennung).

Obwohl die Definition einer Reaktionsgeschwindigkeit für chemische Reaktionen grundsätzlich immer möglich ist, stellt sich bei Experimenten schnell heraus, dass reproduzierbare Werte nur für Reaktionen in flüssiger oder gasförmiger Phase erhältlich sind („homogene Reaktionen"). Sobald feste Stoffe beteiligt sind („heterogene Reaktionen"), werden die Aufstellung von exakten Reaktionsgeschwindigkeitsgleichungen und die Bestimmung von Aktivierungsenergien sehr schwierig (das gilt auch für Kristallisationsvorgänge). Dennoch gilt das Konzept der Aktivierungsenergie auch bei Beteiligung von Festkörpern.

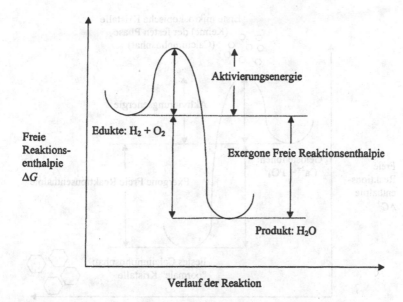

Abbildung 4: Damit eine chemische Reaktion ablaufen kann, muss eine Energiebarriere, die Aktivierungsenergie, überwunden werden.

## Kristallisation

Die Bildung eines Festkörpers aus der Lösung erfordert die Zusammenlagerung der konstituierenden Bausteine (z.B. der Ionen $Na^+$ und $Cl^-$ im Fall des Natriumchlorids) zu einem geordneten Verband (Kristall), der kein Lösungsmittel mehr enthält. Diese Bildung einer festen Phase bezeichnet man als Fällung oder Präzipitation. Sofern das feste Produkt kristallin ist, bezeichnet man den Vorgang als Kristallisation. Es sei angemerkt, dass diese Prozesse durchaus nacheinander erfolgen können: Zunächst bildet sich eine amorphe feste Phase (Fällung), die sich dann in eine kristalline feste Phase umwandelt (Kristallisation).

Obwohl viele technische Prozesse auf Kristallisationsvorgängen beruhen (im Labor auch das „Umkristallisieren" zur Reinigung von Präparaten), ist das theoretische Verständnis auch heute noch begrenzt. Eine geschlossene Theorie existiert nicht; die Vorhersage eines Kristallisationsvorganges hinsichtlich Kinetik, Kristallitgröße und Kristallmorphologie (Nadeln, Würfel, Kugeln, ...) ist nicht aus theoretischen Überlegungen *a priori* abzuleiten; es bedarf des Experiments.

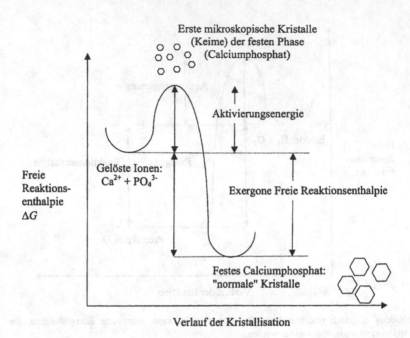

Abbildung 5: Auch bei der Kristallisation von Festkörpern aus einer Lösung muss eine Aktivierungsenergie aufgebracht werden.

Bei vielen Kristallisationsexperimenten beobachtet man eine kinetische Hemmung, d.h. aus einer übersättigten Lösung, in der die Löslichkeit eines Stoffes überschritten ist, fällt kein Niederschlag aus. Die übersättigte Lösung ist offenbar metastabil. Dies liegt daran, dass auch hier eine Aktivierungsenergie überschritten werden muss. Obwohl sich ihr Betrag nur schwierig quantifizieren läßt, ist hier eine anschauliche Darstellung möglich. Dies soll im folgenden am Beispiel der Kristallisation von Calciumphosphat demonstriert werden.

Wenn durch Abkühlung oder Verdunsten des Lösungsmittels eine Übersättigung eingestellt wurde, so würde sich die Freie Enthalpie $\Delta G$ beim Ausfällen verringern; die Ausfällung sollte sofort ablaufen. Kinetisch muss eine Aktivierungsenergie überschritten werden, die man sich über die erhöhte Löslichkeit von kleinen Kristallen erklären kann. Die ersten mikroskopischen Kristalle von Calciumphosphat bezeichnet man als Keime (engl. *Nuclei*), den Vorgang der Keimbildung auch als Nukleation. Dieser Zustand muss notwendigerweise auf dem Weg von den gelösten Ionen zu den

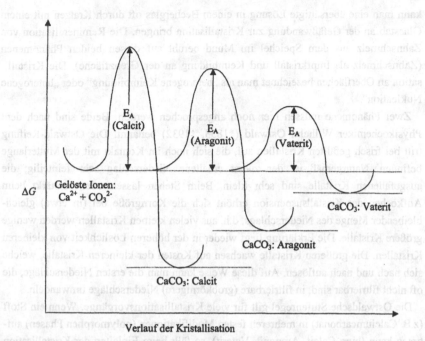

Abbildung 6: Nach der Ostwaldschen Stufenregel hängt die Aktivierungsenergie bei der Kristallisation von der jeweiligen polymorphen Phase ab. In vielen Fällen ist sie umso niedriger, je weniger stabil (energiereicher) die gebildete Phase ist.

makroskopischen Kristallen durchlaufen werden. Da kleine Kristalle gegenüber großen Kristallen eine erhöhte Löslichkeit besitzen, erreichen nur wenige Keimkristalle eine überkritische Größe, die sie dazu befähigt, den Energieberg nach rechts wieder herunterzulaufen (Abb. 5). Diese Art der Kristallisation bezeichnet man als „homogene Keimbildung" oder „homogene Nukleation". Unter anderem aus diesem Grund können Körperflüssigkeiten wie Blut und Speichel übersättigt gegenüber der Calciumphosphat-Kristallisation und dennoch beständig sein: Sie sind metastabil.

Die Übersättigung kann auf unterschiedliche Weise aufgehoben werden (anschaulich hilft man dem System, die Aktivierungsbarriere zu überschreiten). Man kann Impfkristalle der auszufällenden Substanz zugeben, an die sich die abzuscheidenden Ionen nur noch anlagern müssen (dadurch wird die Aktivierungsenergie unterlaufen). Weiterhin kann man zeigen, dass die Kristallisation an Oberflächen (z.B. Gefäßwänden) meist zu einer niedrigeren Aktivierungsenergie führt. Aus diesem Grund

13

kann man eine übersättigte Lösung in einem Becherglas oft durch Kratzen mit einem Glasstab an der Gefäßwandung zur Kristallisation bringen. Die Remineralisation von Zahnschmelz aus dem Speichel im Mund beruht auf diesen beiden Phänomenen (Zahnschmelz als Impfkristall und Keimbildung an der Grenzfläche). Die Kristallisation an Oberflächen bezeichnet man als „heterogene Keimbildung" oder „heterogene Nukleation".

Zwei Phänomene müssen hier noch angesprochen werden. Beide sind nach dem Physikochemiker Wilhelm Ostwald (*1853, †1932) benannt. Die Ostwald-Reifung tritt bei frisch gefällten Kristallen auf, die sich noch im Kontakt mit der Mutterlauge befinden. Naturgemäß ist der zuerst erhaltene Niederschlag sehr feinteilig; die ausgefallenen Kristalle sind sehr klein. Beim Stehen lassen oder verstärkt beim Aufkochen der Kristallsuspension erhöht sich die Korngröße bei (in etwa) gleichbleibender Menge des Niederschlags, d.h. aus vielen kleinen Kristallen werden wenige größere Kristalle. Die Erklärung liegt wieder in der höheren Löslichkeit von kleineren Kristallen. Die größeren Kristalle wachsen auf Kosten der kleineren Kristalle, welche sich nach und nach auflösen. Auf diese Weise kann man die ersten Niederschläge, die oft nicht filtrierbar sind, in filtrierbare (grobkörnigere) Niederschläge umwandeln.

Die Ostwaldsche Stufenregel gilt für viele Kristallisationsvorgänge. Wenn ein Stoff (z.B. Calciumcarbonat) in mehreren festen Modifikationen (polymorphen Phasen) auftreten kann (hier: Calcit, Aragonit, Vaterit), so fällt beim Einleiten der Kristallisation zunächst die energiereichste Phase (d.h. die „metastabilste" Phase) aus. Im Fall des Calciumcarbonats ist dies der Vaterit. Die zunächst ausgefallene energiereiche Modifikation besitzt die höhere Löslichkeit, wird also mit der Zeit in die stabile Modifikation umkristallisieren. Dies kann im Kontakt mit der Lösung und ggf. auch in der lösungsmittelfreien festen Phase geschehen. Man kann das schematisch über die Aktivierungsenergien verstehen, die für die metastabilen Phasen im Allgemeinen niedriger sind (Abb. 6).

# 3 Wichtige analytische Methoden

In diesem Kapitel sollen die wichtigsten strukturanalytischen Methoden vorgestellt werden. Dies sind die Beugungsmethoden, die spektroskopischen Methoden, die elektronenmikroskopischen Methoden sowie die Thermische Analyse.

## Beugungsmethoden

Diese Klasse von Methoden beruht auf der Beugung von elektromagnetischen Wellen (hier: Röntgenstrahlen) an Kristallstrukturen, d.h. auf Interferenzphänomenen. Die Wellenlänge von Röntgenstrahlen liegt in der gleichen Größenordnung wie die Gitterkonstanten von Kristallen (einige Å). Bestrahlt man Kristalle mit Röntgenstrahlung, so tritt analog zur Beugung von sichtbarem Licht am Spalt und Doppelspalt eine Interferenz ein, die dazu führt, dass Röntgenstrahlung unter bestimmten diskreten Winkeln reflektiert wird. Grundlegend dafür ist die Braggsche Gleichung

$$n \cdot \lambda = 2d \cdot \sin \Theta$$

mit $\lambda$ der Wellenlänge der jeweiligen Strahlung, $n$ der Ordnung der Beugung, $d$ dem Netzebenenabstand für einen Satz von Netzebenen und $\Theta$ dem Beugungswinkel. Nur wenn die Braggsche Gleichung erfüllt ist, tritt konstruktive Interferenz, d.h. Beugung,

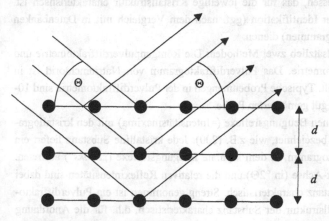

Abbildung 7: Die Braggsche Gleichung gibt an, unter welchen Winkeln Röntgenstrahlung von Kristallen reflektiert wird. Konstruktive Interferenz tritt nur dann auf, wenn die korrekte Beziehung zwischen Einfallswinkel $\Theta$, Netzebenenabstand $d$ und Wellenlänge $\lambda$ erfüllt ist. Weiterhin gilt das Kriterium „Einfallswinkel gleich Ausfallswinkel".

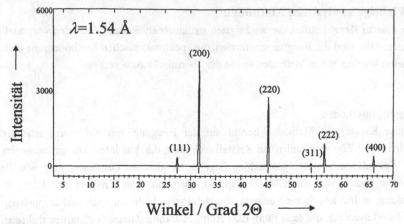

Abbildung 8: Das Pulverdiffraktogramm von Natriumchlorid NaCl. Aufgetragen ist die Beugungsintensität (meist in „*counts*" oder „*counts per second*"=„cps" gegen den Beugungswinkel. Intensitätsmaxima entsprechen Fällen konstruktiver Interferenz, die einer bestimmten Netzebene (in Klammern angegeben) zugeordnet werden können.

ein (Abb. 7). In den meisten Fällen gibt man den doppelten Beugungswinkel an: °2Θ = 2·(°Θ).

Für eine gegebene kristalline Verbindung kann man daher ein Beugungsdiagramm (Diffraktogramm) messen, das für die jeweilige Kristallstruktur charakteristisch ist. Dieses kann daher zur Identifikation (ggf. nach dem Vergleich mit in Datenbanken enthaltenen Diffraktogrammen) dienen.

Es gibt dabei grundsätzlich zwei Methoden: Die Röntgenpulverdiffraktometrie und die Einkristalldiffraktometrie. Das Pulverdiffraktogramm von Natriumchlorid ist in Abbildung 8 dargestellt. Typische Probenmengen in der Pulverdiffraktometrie sind 10-100 mg in Form einer gut gemörserten Probe.

Hier sind die einzelnen Beugungsreflexe (=Intensitätsmaxima) mit den kristallographischen Netzebenen bezeichnet, wie z.B. (200). Jede kristalline Substanz liefert ein solches Pulverdiffraktogramm, in dem separate Beugungsreflexe („*Peaks*") auftreten. Die Position auf der x-Achse (in °2Θ) und die relativen Reflexintensitäten sind dabei für die jeweilige Substanz charakteristisch. Streng genommen ist ein Pulverdiffraktogramm für die Kristallstruktur der Substanz charakteristisch, d.h. für die Anordnung der Atome und Moleküle im Kristallverband. Somit lassen sich z.B. die drei $CaCO_3$-Phasen Calcit, Aragonit und Vaterit unterscheiden und in Gemischen auch quantifizieren. Die relative Höhe der Beugungsreflexe untereinander kann für eine gegebene Substanz von Messung zu Messung schwanken; die Lage auf der Winkelskala ist

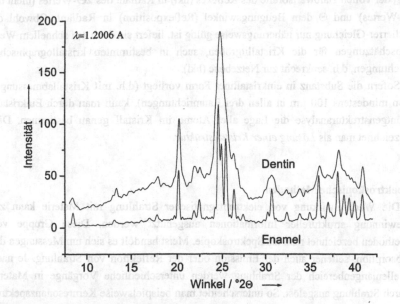

Abbildung 9: Pulverdiffraktogramme von Dentin und Enamel. In beiden Fällen wird die Beugung durch das Calciumphosphat-Biomineral hervorgerufen. Enamel zeigt die schmalen Beugungsreflexe von wohlkristallinem Apatit, während die breiten Beugungsreflexe im Dentin charakteristisch für die darin enthaltenen Apatit-Nanokristalle sind.

dagegen konstant und hängt nur von der Wellenlänge $\lambda$ der verwendeten Röntgenstrahlung ab (diese muss daher stets angegeben werden). Die Umrechnung kann ggf. über die Braggsche Gleichung erfolgen. Die Röntgenreflexe sind im Allgemeinen schmal (bei Laborgeräten ca. 0.1 bis 0.2°2Θ). Breitere Reflexe weisen auf kleine Partikel hin (z.B. bei Knochen). Abbildung 9 zeigt die Pulverdiffraktogramme von Enamel (Zahnschmelz) und Dentin (Zahnbein). Ersteres besteht aus Mikrometergroßen Apatit-Kristallen (schmale Reflexe), letzteres aus nanokristallinen Apatit-Kristallen (breite Reflexe). Über die Scherrer-Gleichung ist die Abschätzung der Kristallitgröße möglich:

$$D_{hkl} = (K \cdot \lambda)/(\beta_{hkl} \cdot \cos\Theta)$$

mit $D_{hkl}$ der angenäherten Kristallitgröße in (hkl)-Richtung (in Å), K einem Formfaktor (zwischen 0.8 und 1.2), $\lambda$ der Wellenlänge der Röntgenstrahlung (in Å),

17

$\beta_{hkl}$ der vollen Halbwertsbreite des Reflexes (hkl) in Radiant des 2$\Theta$-Wertes (nicht des $\Theta$-Wertes) und $\Theta$ dem Beugungswinkel (Reflexposition) in Radiant. Obwohl die Scherrer-Gleichung nur näherungsweise gültig ist, liefert sie doch auf schnellem Wege Abschätzungen für die Kristallitgrößen, auch in bestimmten kristallographischen Richtungen, d.h. senkrecht zur Netzebene (hkl).

Sofern die Substanz in einkristalliner Form vorliegt (d.h. mit Kristallabmessungen von mindestens 100 µm in allen drei Raumrichtungen), kann man durch Einkristall-Röntgenstrukturanalyse die Lage aller Atome im Kristall genau bestimmen. Dies bezeichnet man als *Lösung einer Kristallstruktur*.


**Spektroskopische Methoden**

Die Wechselwirkung von elektromagnetischer Strahlung mit Materie kann zur Gewinnung struktureller Informationen ausgenutzt werden. Diese Gruppe von Methoden bezeichnet man als Spektroskopie. Meist handelt es sich um Messungen der Absorption, seltener auch der Emission oder der Reflektion von Strahlung. Je nach Wellenlängenbereich der Strahlung werden unterschiedliche Vorgänge in Materie durch Strahlung ausgelöst. So unterscheidet man beispielsweise Kernresonanzspektroskopie (NMR; Anregung von Kernspins), Schwingungsspektroskopie (Infrarot = IR, und Raman; Anregung von Molekülschwingungen und Gitterschwingungen) und Ultraviolett-Spektroskopie (UV und UV/VIS; Anregung von Elektronen).

Wichtig für Strukturuntersuchungen im Bereich der Biomaterialien und Biomineralisation ist insbesondere die Schwingungsspektroskopie (IR und Raman). Hier kann man einzelnen Bindungen und funktionellen Gruppen Bereiche im Spektrum zuordnen (oft gibt man nur die dazugehörigen Ionen oder Moleküle an). Abbildung 10 zeigt ein Infrarot-Spektrum eines Calciumphosphats, das Anteile von Carbonat und inkorporiertes Wasser (als $H_2O$) enthält. Die Präparation erfolgt meist als Pressling mit Kaliumbromid (KBr) oder als Verreibung in Nujol (einem Öl). Meist werden IR-Spektren in Transmission gemessen (Absorption der Strahlung), gelegentlich auch in Reflektion. Die Probenmenge beträgt typischerweise einige mg. Mit speziellen IR- und Raman-Mikroskopen erhält man Spektren von ca. 1 µm$^2$-großen Bereichen einer Probe. Zu beachten ist, dass es zwei unterschiedliche Konventionen für die Darstellung gibt: Die Absorption wird manchmal nach oben (wie hier) und manchmal nach unten aufgetragen (z.B. Abb. 47).

Eine Substanz zeigt im Allgemeinen breitere Banden, wenn sie amorph oder nanokristallin ist, als wenn sie kristallin ist. Wichtig: Es gibt eine halbquantitative Beziehung zwischen der Bandenintensität und der Menge der enthaltenen Bindung für jede

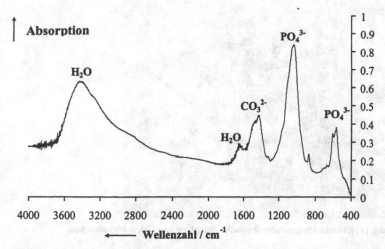

Abbildung 10: Infrarot-Spektrum eines Calciumphosphats, das etwas Carbonat und Wasser enthält. In dieser Darstellung ist die Absorption nach oben aufgetragen. Auch die umgekehrte Auftragung (Absorption nach unten) wird verwendet, siehe z.B. Abb. 47-50.

einzelne Bande (z.B. für die Carbonat-Bande in einem Spektrum einer Probe; intensive Bande: viel Carbonat; schwache Bande: wenig Carbonat). Das Intensitätsverhältnis zwischen unterschiedlichen Banden (z.B. $H_2O$ vs. $CO_3^{2-}$ sagt aber nichts über das Mengenverhältnis dieser Bindungen in einer Probe aus, da jede Bande durch ihr eigenes Verhältnis von Menge zu Intensität gekennzeichnet ist. Zur quantitativen Auswertung muss man mit Referenzsubstanzen mit bekannter Stöchiometrie vergleichen.

## Elektronenmikroskopische Methoden

Sofern die Auflösung eines Lichtmikroskops (einige 100 nm) nicht mehr ausreicht, bedient man sich der Elektronenmikroskopie (Tab. 1). Als abbildende Teilchen werden hier hochbeschleunigte Elektronen verwendet (Beschleunigungsspannungen üblicherweise im kV-Bereich), die über kleinere Wellenlängen als sichtbares Licht verfügen. Es sind zwei wesentliche Typen der Elektronenmikroskopie zu unterscheiden.

Bei der Rasterelektronenmikroskopie (*scanning electron microscopy*; SEM oder REM) wird die Oberfläche einer Probe mit einem fokussierten Elektronenstrahl abgerastert. Die zurückgestreuten oder auch von der Probe emittierten Sekundärelektronen

Abbildung 11: Rasterelektronenmikroskopische Aufnahme von Calcit-Rhomboedern.

Tabelle 1: Auflösungsvermögen unterschiedlicher mikroskopischer Techniken

| Bloßes Auge | 50 µm |
|---|---|
| Optische Mikroskopie | 0,2 µm |
| IR- und Ramanmikroskopie | 1 µm |
| Rasterelektronenmikroskopie | 5-10 nm |
| Durchstrahlungselektronenmikroskopie | 0,1-1 nm |

werden detektiert. Dadurch ergibt sich ein plastischer Eindruck mit hoher Tiefenschärfe (Abb. 11).

Um die aufgebrachten Ladungen abzuführen, müssen nichtleitende Proben bedampft werden, im Allgemeinen mit Gold oder Kohlenstoff („Sputtern"). Ansonsten bilden sich Oberflächenladungen, die durch elektrostatische Abstoßung zu Verzerrungen und weißen Flecken auf dem Bild führen. Elektronenmikroskopische Experimente müssen generell im Hochvakuum ($< 10^{-2}$ Pa) durchgeführt werden, da die Elektronen auch durch Luft stark absorbiert bzw. gebeugt werden. Dies ist problematisch für biologisches Material, das im Allgemeinen durch Gefriertrocknung (Lyophilisieren) oder Begasen mit überkritischem $CO_2$ (*critical point drying*) zuvor entwässert werden muss. Eine in den letzten Jahren entwickelte Klasse von Rasterelektronenmikroskopen kann auch unter reduziertem Vakuum arbeiten (*environmental scanning electron microscopy*, ESEM). Dadurch kann man auf das Entwässern verzichten. Weiterhin verhindert der Luftdruck die statische Aufladung der Probe, somit entfällt auch das

Abbildung 12: Transmissionselektronenmikroskopische Aufnahme eines nanokristallinen Calcium-phosphats (V. Putlayev).

Bedampfen mit Gold. Dieses reduzierte Vakuum wird durch ein System von Pumpen erzielt.

Die Durchstrahlungselektronenmikroskopie (*transmission electron microscopy*; TEM) kann deutlich höhere Auflösungen liefern, wobei der apparative Aufwand aber auch erheblich größer ist. Die Tiefenschärfe geht dabei weitgehend verloren. Mit der hochauflösenden Transmissionselektronenmikroskopie (HRTEM) erreicht man heutzutage Auflösungen im atomaren Bereich, d.h. von etwa 1 Å und besser (zum Vergleich: Radius des Wasserstoffatoms: $10^{-10}$ m = 1 Å). Für Betrachtungen in Transmission müssen die Proben sehr dünn sein, gewöhnlich nicht dicker als ca. 0.05-0.2 µm. Dies liegt an der starken Wechselwirkung der Elektronen mit Materie (Absorption, Streuung), die bei dickeren Proben zu einer vollständigen Absorption führen würde. Dadurch wird die Probenvorbereitung schwierig, so dass für biologische
• Proben mit Mikrotomen dünne Schnitte von eingebetteten Präparaten hergestellt werden müssen. Bei Festkörpern kann man auch ausreichend dünne Kristalle verwenden. Manchmal werden zu dicke Kristalle durch Beschuss mit hochenergetischen Ionen „ausgedünnt", bis sie die notwendige Dicke erreicht haben. Dies kann aber zu Veränderungen in der Probenstruktur führen.

Da die Transmissionselektronenmikroskopie letztlich auf der Beugung der Elektronen am Kristallgitter beruht (entsprechend der oben diskutierten Röntgenbeugung), kann man durch geeignete optische Einstellungen auch Beugungsbilder von sehr kleinen Probenarealen (ca. 4 nm) erhalten und kristallographische Informationen erhalten. Abbildung 12 zeigt eine TEM-Aufnahme eines nanokristallinen Calciumphosphats.

Durch Kopplung von spezifischen Antikörpern an die Oberfläche von Nano-Goldpartikeln lassen sich in der Transmissionselektronenmikroskopie biologische Strukturen (bestimmte Proteine, Zellen, Gewebe) lokal identifizieren, indem man auf der Aufnahme die kontrastreichen Goldpartikel sucht (Immuno-Gold-Markierung). Bei biologischen Ultradünnschnitten muss mit Schwermetallen kontrastiert werden, um gute Bilder zu erhalten. Die Schwermetalle (Osmium, Uran, Blei, Cer) lagern sich an die lipidhaltigen Zell- und Organellmembranen an und machen sie elektronendichter, was auf dem Bild zu einer Schwärzung führt.

## Analytische Elektronenmikroskopie

Die Analytische Elektronenmikroskopie (*analytical electron microscopy* AEM) bzw. energiedispersive Röntgenspektroskopie (EDX) ist meist als Zusatzausstattung zu einem Raster- oder Durchstrahlungselektronenmikroskop installiert. Die Bestrahlung von Materie mit Elektronen führt häufig zur Ionisation mit darauffolgender Emission von Röntgenstrahlen. Diese *charakteristische Röntgenstrahlung* ist in ihrer Wellenlänge spezifisch für das jeweilige Element. Da der Elektronenstrahl auf sehr kleine Bereiche (ca. 10 nm) fokussiert werden kann, können ortsaufgelöste Informationen über die elementare Zusammensetzung erhalten werden. Die Zusammensetzung einzelner Kristallite kann somit bestimmt werden. Die Intensität der Linien kann quantitativ ausgewertet werden, wenn mit geeigneten Standards verglichen wird. Abbildung 13 zeigt ein EDX-Spektrum eines Calciumphosphats mit einem geringen Kohlenstoffanteil. Die Linien des Goldes kommen von der Beschichtung. Nach der Elementbezeichnung ist die jeweilige Elektronenschale (K, L, M) angegeben.

## Thermische Analyse

Die Thermische Analyse umfasst die Untersuchung von Stoffeigenschaften als Funktion der Temperatur. Für die Untersuchung von Biomaterialien und Biomineralisaten ist insbesondere die Thermogravimetrie von Bedeutung. Dabei wird eine Probe

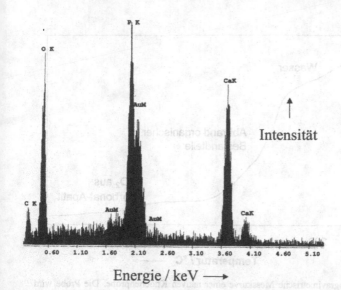

Abbildung 13: Energiedispersive Röntgenspektroskopie eines Calciumphosphats mit kleinen Mengen an Carbonat. Die Intensitätsmaxima sind charakteristisch für die enthaltenen Elemente (C, O, P, Ca). Die Linien von Gold (Au) stammen von der durch Sputtern aufgebrachten Beschichtung.

erhitzt und die Masse laufend registriert. Auf diese Weise können beispielsweise Zersetzungsvorgänge (Abgabe von Hydratwasser, Zersetzung von Carbonaten) oder Korrosionsvorgänge (Oxidation eines Metalls) quantitativ verfolgt werden.

Über die Variation der Atmosphäre im Ofen können weitere Stoffparameter erhalten werden: Unter Luft oder Sauerstoff tritt eine Oxidation ein, unter Stickstoff oder Argon tritt Pyrolyse ein. Typische Parameter von Thermowaagen sind ein Temperaturbereich von Raumtemperatur bis ca. 1400 °C und erforderliche Probenmassen von 10-100 mg, je nach Probe. Abbildung 14 zeigt ein Thermogramm einer nativen Knochenprobe an Luft. Die drei Stufen des Gewichtsverlustes können Wasser (ca. 5 %), dem Abbrand organischer Bestandteile (z.B Kollagen; ca. 22 %) und der Abgabe von $CO_2$ aus der Mineralphase Carbonat-Apatit (ca. 2,5 %) zugeordnet werden. Meist bedarf es allerdings ergänzender Untersuchungen, um die Massenverluste zweifelsfrei mit chemischen Prozessen zu korrelieren (z.B. einer Analyse der freigesetzten Gase oder der Reaktionsprodukte).

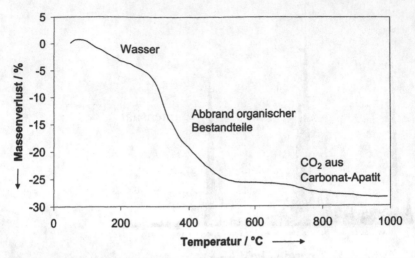

Abbildung 14: Thermogravimetrische Messkurve einer nativen Knochenprobe. Die Probe wird mit konstanter Heizrate (hier: 10 K min⁻¹) an Luft aufgeheizt. Man kann den Bereichen des Massenverlustes jeweils chemische Ereignisse zuordnen.

## Röntgenabsorptionsspektroskopie

Die Röntgenabsorptionsspektroskopie (*extended x-ray absorption fine structure*, EXAFS) ist eine seit etwa 20 Jahren verfügbare Methode, mit der auch von amorphen, glasartigen oder nanokristallinen Festkörpern strukturelle Daten gewonnen werden können (d.h. auch dann, wenn Beugungstechniken versagen). Vereinfacht ausgedrückt beruht sie auf der Messung des Absorptionsspektrums von Röntgenstrahlen als Funktion der Röntgenenergie. Dabei werden elementspezifisch Photoelektronen erzeugt, die an den umgebenden Atomen zurückgestreut werden. Die Auswertung ergibt die radiale Verteilungsfunktion der Nachbarn um eine Atomsorte in der Probe, z.B. um Calcium. Abbildung 15 zeigt die Umgebung von Calcium in Embryonen der Süßwasserschnecke *Biomphalaria glabrata* (Alter 72 h und 140 h) mit der Zuordnung der Nachbarn um das Calcium.

Es zeigt sich, dass das völlig röntgenamorphe Gehäuse der 72 h alten Embryonen bereits eine aragonitische Struktur aufweist. Über eine numerische Auswertung lassen sich Art, Anzahl und Abstand der Nachbaratome für jede Schale ermitteln. Im Allgemeinen sind nur Elemente, die schwerer als Schwefel sind, mit dieser Methode untersuchbar. Besonders günstig ist die Methode einsetzbar, wenn röntgenamorphe oder

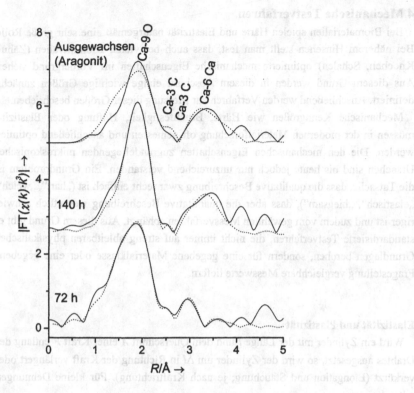

Abbildung 15: Röntgenabsorptionsspektroskopische Messung (EXAFS) an Embryonen der Süßwasserschnecke *Biomphalaria glabrata*. Die Auftragung zeigt die radiale Verteilung der Nachbaratome um das Calcium herum auf einer Å-Skala (Calcium liegt im Ursprung bei 0 Å). Das Gehäuse der 72 h alten Embryonen ist völlig röntgenamorph, zeigt aber schon eindeutig die Nahordnung des kristallinen Aragonits, wie er in 140 h alten Embryonen und in ausgewachsenen Tieren vorliegt.

nanokristalline Phasen vorliegen (z.B. ACC, ACP), die mit Beugungsmethoden nicht detektiert oder untersucht werden können.

25

# 4 Mechanische Testverfahren

Bei Biomaterialien spielen Härte und Elastizität naturgemäß eine sehr große Rolle. Bei näherem Hinsehen stellt man fest, dass auch bei vielen Biomineralien (Zähne, Knochen, Schalen) optimierte mechanische Eigenschaften im Vordergrund stehen. Aus diesem Grund werden in diesem Abschnitt einige wichtige Größen zunächst definiert. Anschließend werden Verfahren zur Messung dieser Größen beschrieben.

Mechanische Kenngrößen wie Härte, Bruchfestigkeit, Haftung oder Elastizität müssen in der modernen Materialforschung oft gemessen und anschließend optimiert werden. Die den mechanischen Eigenschaften zugrundeliegenden mikroskopischen Ursachen sind bis heute jedoch nur unzureichend verstanden. Ein Grundproblem ist die Tatsache, dass die qualitative Beschreibung zwar recht einfach ist („hart", „weich", „elastisch", „biegsam"), dass aber die quantitative Beschreibung wesentlich schwieriger ist und zudem vom gewählten Messverfahren abhängt. Aus diesem Grund gibt es standardisierte Testverfahren, die nicht immer auf streng ableitbaren physikalischen Grundlagen beruhen, sondern für eine gegebene Materialklasse oder eine gegebene Fragestellung vergleichbare Messwerte liefern.

## Elastizität und Plastizität

Wird ein Zylinder mit der Länge $l$ und dem Querschnitt $A$ einer Kraft $F$ entlang des Drahtes ausgesetzt, so wird der Zylinder um $\Delta l$ in Richtung der Kraft verlängert oder verkürzt (Elongation und Stauchung; je nach Kraftrichtung). Für kleine Dehnungen gilt

$$\varepsilon = \Delta l \, / \, l = 1/E \cdot F \, / \, A = \sigma / E$$

mit der Dehnung $\varepsilon = \Delta l \, / \, l$ (dimensionslos; engl. *strain*), der Spannung $\sigma = F/A$ in [Pa] (engl. *stress*) und dem Elastizitätsmodul $E$ (auch E-Modul oder Young-Modul genannt) in [Pa]. Sehr wenig verformbare („harte") Materialien weisen hohe E-Moduli auf (Größenordung GPa); leicht verformbare („weiche") Materialien weisen niedrige E-Moduli auf (Größenordnung MPa). Beispiele: Knochen: 340 MPa bis 13.8 GPa, Dentin: 15 GPa, Enamel: 80 GPa, Hydroxylapatit: 10 GPa, Titan: 105 GPa, $Al_2O_3$: 400 GPa. Entsprechend umgeformt ergibt die Definitionsgleichung für den E-Modul das Hooke'sche Gesetz: Die Auslenkung ist proportional zur Kraft.

Praktisch gibt man diese Beziehung in Spannungs-Dehnungs-Diagrammen wieder. Abbildung 16 zeigt ein idealisiertes Spannungs-Dehnungs-Diagramm für einen metallischen Werkstoff.

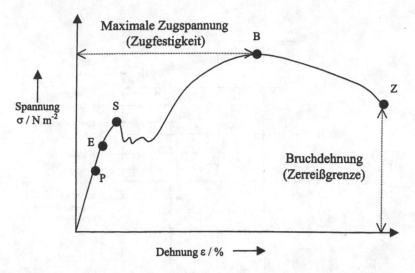

Abbildung 16: Ein idealisiertes Spannungs-Dehnungs-Diagramm eines metallischen Werkstoffs unter Zugbelastung.

Die Proportionalität zwischen Spannung $\sigma$ und Dehnung $\varepsilon$ ist nur bei sehr kleinen Spannungen gültig, d.h. nur bis zum Punkt P (Proportionalitätsgrenze). Hier gilt das Hooke'sche Gesetz. In manchen Fällen folgt ein nichtlinearer Bereich, in dem sich das Material zwar elastisch verhält, aber die Linearität nicht mehr gilt (Bereich P-E). Elastizität bedeutet dabei, dass das Material nach Wegnahme der Kraft wieder die alte Länge einnimmt (reversible Dehnung).

Am Punkt E wird die plastische Verformung erreicht. Dieser Punkt heißt Elastizitätsgrenze. Wird das Material über diesen Punkt hinaus gedehnt, so bleibt eine Dehnung nach Wegnahme der Spannung zurück. Der Punkt S heißt Streck-, Dehn- oder Fließgrenze. Das Fließen des Materials führt zu einer Zunahme der Dehnung bei weitgehend konstanter Spannung. Bei noch weiterer Dehnung nimmt die Spannung wieder zu. Die Probe wird instabil, d.h. sie erhält Einschnürungen, und der Probenquerschnitt verkleinert sich. Punkt B, bei dem die größte Spannung anliegt, bezeichnet die maximale Zugspannung (Zugfestigkeit), die eine Probe aushält. Sie ist werkstofftechnisch definiert als Quotient aus Höchstbelastung beim Zugversuch und Anfangsquerschnitt der Probe. Typische Zugfestigkeiten von Metallen liegen bei 131 MPa (Au), 210 MPa (Fe), 442 MPa (Ti) und 1800 MPa (W). Beim Überschreiten des Punktes B kommt es zu weitergehenden Einschnürungen der Probe, bis beim Punkt Z der Bruch bzw. das Zerreißen eintritt. Die entsprechende Dehnung nennt man Bruch-

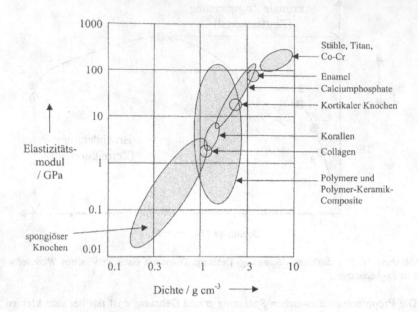

Abbildung 17: Bereiche der mechanischen Eigenschaften von Biomaterialien. Aufgetragen ist der Elastizitätsmodul gegen die Dichte des entsprechenden Werkstoffs.

dehnung oder Zerreißgrenze. Sie liegt bei Metallen in der Größenordnung von einigen % (Titan ca. 25..45 %, je nach Reinheit). Für Druckversuche gibt es ähnliche Diagramme, die zur Angabe von Druckfestigkeiten führen (wichtig besonders für keramische Werkstoffe). Weiterhin sind Versuche zur Biegebelastung (z.B. Dreipunktbiegung, Vierpunktbiegung) gebräuchlich. Strenggenommen handelt es sich bei E-Moduli und Schermoduli um richtungsabhängige Größen, also um Vektoren und Tensoren, die sich überdies noch gegenseitig beeinflussen können. Für eine weitergehende Behandlung muss auf Lehrbücher der Mechanik verwiesen werden.

Die mechanischen Kennwerte einiger typischer Biomaterialien und Biomineralien sind in Abbildung 17 wiedergegeben.

## Duktilität

Die Duktilität ist die Fähigkeit einer Materials, sich plastisch zu verformen, ohne zu brechen (siehe Abb. 16). Dies entspricht dem Punkt B (Zugfestigkeit). Die quantitative

Tabelle 2: Härte einiger wichtiger Materialien (Größenordnungen).

| | Mohs | Vickers | Brinell | Knoop |
|---|---|---|---|---|
| Calcit | 3 | 150 | 130 | 135 |
| Aragonit | 3.5 | | | |
| Fluorit | 4 | 180 | 150 | 163 |
| Apatit | 5 | 350 | 330 | 430 |
| Magnetit | 6 | | | |
| Quarz | 7 | 800 | 650 | 820 |
| Korund /$\alpha$-Al$_2$O$_3$) | 9 | | | 2025 |

Beschreibbarkeit wird durch irreversible und zeitabhängige Prozesse erschwert. Quantitativ läßt sich die Duktilität als prozentuale relative Verlängerung oder auch als Verkleinerung des Querschnitts des Materials beim Bruch gegenüber dem unbelasteten Material angeben:

$$D = \frac{100 \, (A_0\text{-}A_f)}{A_0} \, \%$$

Dabei sind $A_0$ die Querschnittsfläche vor der Belastung und $A_f$ die Querschnitts-fläche nach dem Bruch. Als duktil bezeichnet man Materialien mit $D > 50\%$. Das bedeutet, dass sich die Querschnittsfläche bis auf die Hälfte verkleinern läßt, ohne dass das Material bricht (bei Volumenerhaltung entspricht das einer Verdopplung der Länge).

**Härte**

Die Härte eines Materials wird meist dadurch gemessen, dass es mit einem härteren Prüfkörper eingedrückt wird. Eine Härtezahl kann dann aus der Oberfläche oder der Tiefe des Eindrucks bei den vorgegebenenen Parametern Pressdruck, Aufdruckfläche, Aufdruckgeometrie und Temperatur bestimmt werden. Je nach Prüfkörper ergeben sich dementsprechend unterschiedliche Zahlenwerte, so dass die Details des Prüf-verfahrens mit angegeben werden müssen. Bekannt sind das Brinell-Verfahren (Kugel aus Stahl oder Wolframcarbid, WC), das Vickers-Verfahren (Diamantpyramide), das Knoop-Verfahren (Diamantpyramide) und das Rockwell-Verfahren (Diamantkonus oder Stahlkugel verschiedenen Durchmessers).

Das bekannte Verfahren nach Mohs beruht auf dem Ritzen des zu untersuchenden Materials mit Prüfkörpern bekannter Härte. Wenn sich das Material ritzen läßt, so ist es weicher als der Prüfkörper. Die Mohs'sche Härteskala geht von 1 (Talk) über 2 (Gips oder NaCl), 3 (Calcit), 4 (Fluorit), 5 (Apatit), 6 (Feldspat), 7 (Quarz), 8 (Topas), 9 (Korund) bis 10 (Diamant). Tabelle 2 zeigt einen Vergleich der unterschiedlichen Härteskalen.

Der Begriff der Härte kann mikroskopisch-atomistisch nicht eindeutig beschrieben werden. Die Härte hängt vor allem von den Kräften zwischen den atomaren bzw. molekularen Bausteinen und dem Materialgefüge (Größe, Geometrie und Anordnung der einzelnen Kristallite) ab.

### Kriechen

Das Kriechen ist ein zeitabhängiges Phänomen. Dabei wird das mechanische Verhalten eines Werkstoffes in Abhängigkeit von der Zeit gemessen (bisher wurde die Zeit nicht als Variable behandelt), z.B. eine Dehnung bei konstanter Kraft mit der Zeit. Das Kriechen ist stark temperaturabhängig. Der Kriechvorgang setzt größenordnungsmäßig beim 0.3-0.4fachen der Schmelztemperatur (in Kelvin) ein.

### Ermüdung

Nach vielfacher mechanischer Beanspruchung unterhalb der Belastungsgrenze ist vielfach ein Absinken der mechanischen Eigenschaften (z.B. der Zugfestigkeit) zu beobachten. Das bedeutet beispielsweise, dass ein vielfach gebogener Draht eine geringere Zugfestigkeit aufweist als ein unbehandelter Draht. Die Ursache sind mikroskopische Deformationen im Gefüge, die zu Mikrorissen führen können. Diese wirken als Schwachstellen bei einer stärkeren Beanspruchung, so dass das Material schneller nachgibt als zuvor.

### Verschleiß

Als Verschleiß bezeichnet man den Materialabtrag durch eine mechanische Beanspruchung, insbesondere durch Reibung. Als Gegenmaßnahme können die Reibung durch Schmierung herabgesetzt werden, die Oberflächenstrukturen angepasst werden (glatte Oberflächen), harte Partikel zwischen zwei Grenzflächen im Kontakt beseitigt werden und Werkstoffe aufeinander abgestimmt werden (z.B. Endoprothese: hart-weich = Stahl-Polyethylen bzw. hart-hart = Keramik-Keramik).

# 5 Biologische Testverfahren

Die biologische Verträglichkeit von Biomaterialien muss vor jedem klinischen Einsatz sichergestellt werden. Dabei bedient man sich zunächst geeigneter *in-vitro* Testverfahren, bevor sich Tierexperimente und klinische Studien anschließen. Zu untersuchende Aspekte sind insbesondere

- Toxizität
- Mutagenität und Karzinogenität
- Immunogenität
- Gewebeverträglichkeit

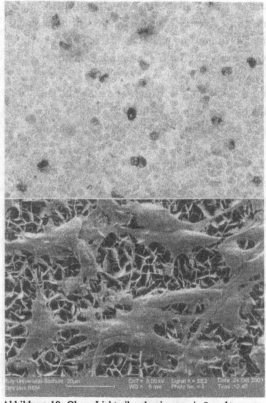

Abbildung 18: Oben: Lichtmikroskopie an primären humanen Zellen, isoliert und kultiviert aus Knochen (Spongiosa). Dunkel angefärbt sind Zellen mit aktiver alkalischer Phosphatase (im wesentlichen Osteoblasten). Hell gefärbte Zellen sind keine Osteoblasten. Unten: Rasterelektronenmikroskopie an Osteoblasten-ähnlichen Zellen auf einer Calciumphosphat-Oberfläche (M. Köller/D. Bogdanski/J. Choi).

Die Gewebeverträglichkeit wird im Allgemeinen in Zellkulturen mit den entsprechenden Zellen, die am Implantationsort vorhanden sind, getestet. Dabei verwendet man z.B. Osteoblasten und Osteoklasten (Knochenkontakt), Fibroblasten (Gewebekontakt allgemein), Endothelzellen und Thrombozyten (Blutkontakt) und glatte Muskelzellen (Kontakt mit Adern). Kriterien sind u.a. die Morphologie der Zellen (abgerundete Zellen sind ungünstiger als ausgebreitete Zellen), die Zahl der vitalen Zellen (Proliferation = Vermehrung) und der Anteil toter Zellen. Vitale Zellen bilden eine Monolage auf dem Material, bis sich die Zellen gegenseitig berühren („Konfluenz"). Neben morphologischen Untersuchungen (z.B. mittels Lichtmikroskopie oder REM) werden histologische Untersuchungen mit entsprechenden Färbungen und z.T. sehr ausgedehnte Analysen des Zellkulturmediums zur Beurteilung der Zellverträglichkeit eingesetzt (Abb. 18). Typische Inkubationsdauern betragen einige Tage bis mehrere Wochen; für Langzeitkulturen kommen Bioreaktoren zum Einsatz.

Wichtige Marker für Zellaktivität (z.T. spezifisch für einzelne Zelltypen) sind beispielsweise

- Produktion von Alkalischer Phosphatase (für Osteoblasten und Fibroblasten)
- Produktion von Osteocalcin (für Osteoblasten)
- Produktion von Kollagen (*van Gieson*-Färbung, für Fibroblasten, Chondroblasten und Osteoblasten)
- Produktion von Calciumphosphat (*von Kossa*-Färbung; für Osteoblasten)
- Produktion von DNA, Enzymen und Proteinen

Aufwändigere, aber auch aussagekräftigere Experimente werden in Organkulturen an kompletten Organen oder Teilen davon durchgeführt. Vorteilhaft ist dabei das Zusammenspiel der unterschiedlichen Zellarten im Gewebekontakt.

Unterschiedliche Zellkulturen werden verwendet. Man unterscheidet zwischen primären Zellen (d.h. gewonnen durch Explantation aus humanen oder tierischen Spendern) und Zelllinien. Letztere sind zumeist immortalisierte (unbegrenzt teilungsfähige) Zellen (oft Tumorzellen), die sich beliebig züchten und vermehren lassen. Die Vermehrung von primären Zellen stößt dagegen biologisch bedingt nach einigen Teilungszyklen an ihre Grenzen. Zelllinien sind biologisch „reiner", d.h. sie bestehen nur aus einer Zellsorte, während bei primären Zellen „Verunreinigungen" durch andere Zelltypen vorliegen können (z.B. Fibroblasten in einer vermeintlich reinen Osteoblasten-Kultur). Immortalisierte Zelllinien sind meist weniger empfindlich auf adverse Reaktionen als primäre Zellen, d.h. unter Umständen weniger aussagekräftig, was die Bioverträglichkeit angeht. Auch zwischen humanen und tierischen Zellen (z.B. von Mäusen) des gleichen Zelltyps muss ggf. unterschieden werden, da es

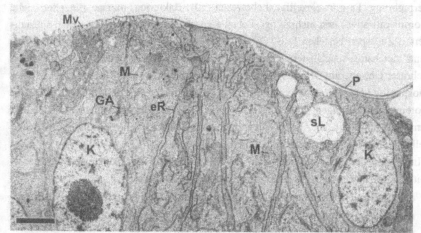

Abbildung 19: Transmissionselektronenmikroskopische Aufnahme eines Ausschnitts des schalen-bildenden Gewebes eines Schneckenembryos. Am oberen linken Bildrand beginnt die Produktion des Periostrakums (P) durch Zellen, die mit fingerförmigen Ausstülpungen, sog. Microvilli (Mv) besetzt sind. Die nachfolgenden Zellen fügen Material hinzu, bis sich schließlich das zweischichtige Periostrakum am rechten Bildrand vom Gewebe ablöst. An Zellorganellen sind zu erkennen: Zellkerne (K), zahlreiche energieliefernde Mitochondrien (M), endoplasmatisches Reticulum (eR), das sich an den Zellgrenzen entlangzieht, vereinzelte Golgi-Apparate (GA), sekundäres Lysosom (sL), in dem noch die Membranen abgebauter Mitochondrien erkennbar sind. Größenmaßstab: 2 μm (J. Marxen).

unterschiedliche Reaktionen auf Biomaterialien geben kann, bedingt durch die unterschiedliche Empfindlichkeit der Zellen.

An solche histologischen Untersuchungen können sich ausgedehnte Untersuchungen zur Vitalität der Zellen und zur Bildung spezifischer Signalstoffe (z.B. Cytokine) anschließen, die es erlauben, der detaillierten biologischen Antwort des Körpers und seines Immunsystems näherzukommen.

Nach einer erfolgreichen *in-vitro*-Untersuchung schließen sich geeignete Tierexperimente an, in denen die zu untersuchenden Biomaterialien in entsprechende Gewebe (z.B. Knochenraum, Weichgewebe, Blutbahn) implantiert werden. Nach Untersuchungszeiten von Wochen und Monaten bis hin zu mehreren Jahren werden die explantierten Materialien auf Korrosion und Degradation hin untersucht sowie histologische Präparate des umgebenden Gewebes angefertigt.

### Kleine Zellbiologie

Zellen (Abb. 19) verfügen als kleinste Einheiten des Lebendigen über die Grundfunktionen der Organismen, d.h. Stoffwechsel, Wachstum, Bewegung, Vererbung und

33

Vermehrung. Es gibt einzellige Lebewesen (z.B. Bakterien, marine Einzeller; siehe Biomineralisation) und mehrzellige Lebewesen, die meist aus verschiedenen spezialisierten Zelltypen bestehen (z.B. Osteoblasten, Fibroblasten, Erythrozyten). Ein Verbund gleichartig spezialisierter Zellen wird als Gewebe bezeichnet; eine Anordnung mehrerer Gewebe als Organ. Alle Zellen sind durch eine äußere Membran aus einer Phospholipid-Doppelschicht von der Umgebung getrennt. Die Zellmembran wird von Proteinen durchdrungen, die z.B. als Ionenkanal oder als Rezeptor dienen können und damit die Zelle mit der Außenwelt verbinden. Zwischen tierischen und pflanzlichen Zellen besteht kein grundsätzlicher Unterschied.

Im Innern der Zelle befindet sich das Zellplasma, in das spezialisierte Untereinheiten, die sogenannten Organellen, eingelagert sind. Diese sind

- das Cytoskelett: Proteinaggregate, die die geometrische Form der Zelle einstellen.

- der Zellkern (Nucleus): Ein durch eine Lipidmembran abgetrennter Bereich, der die Erbinformation (Chromosomen; DNA) enthält.

- das endoplasmatische Reticulum: Ein feines Membrangespinst, das an den Zellkern angekoppelt ist und zur Protein- und Lipidsynthese dient.

- die Ribosomen: zahlreiche kleine Einheiten, in denen Proteine synthetisiert werden.

- der Golgi-Apparat: dient zur Modifikation der im endoplasmatischen Reticulum synthetisierten Proteine (z.B. Verbindung mit Zuckermolekülen zu Glycoproteinen).

- die Mitochondrien: zahlreiche kleine Einheiten, die zur Energieversorgung der Zelle dienen (z.B. Synthese von Adenosin-Triphosphat; ATP).

- die Lysosomen: kleine Einheiten, in denen defekte oder zellfremde Materialien abgebaut werden.

An der Oberfläche der Zellen befinden sich Rezeptoren zur Vermittlung der Zell-Zell-Wechselwirkung und auch zur Bindung an extrazelluläre Matrixproteine, z.B. Kollagen oder Fibronektin. Man unterscheidet Cadherine, Selektine, Integrine und Mitglieder der Immunoglobulin-Superfamilie. Besonders die Integrine sind in der Biomaterialforschung von Interesse. Experimente haben gezeigt, dass diese Rezeptoren gut an RGD-Peptidsequenzen binden, wie sie auch im Kollagen vorkommen. Funktionalisiert man also Implantatoberflächen mit RGD-Sequenzen, so werden sich Zellen (z.B. Osteoblasten) in erhöhtem Umfang über ihre Integrin-Rezeptoren an diese Oberfläche binden.

# 6 Stoffklassen von Biomaterialien

**Klassifizierung von Biomaterialien**

Die Bereitstellung geeigneter Werkstoffe für den biomedizinischen Einsatz stellt hohe Anforderungen an die Materialeigenschaften. Im Allgemeinen bedarf es der interdisziplinären Kooperation zwischen Ingenieuren, Medizinern und Naturwissenschaftlern, um optimale Werkstoffe zu schaffen. Drei Eigenschaftsfelder müssen beachtet werden, die gemeinsam die Biokompatibilität ausmachen (Abb. 20):

- Mechanische Kompatibilität
- Chemische Kompatibilität
- Biologische Kompatibilität

Häufig sind Kompromisse erforderlich, da nicht alle Parameter gleichzeitig im optimalen Bereich liegen. Glücklicherweise bietet die moderne Werkstoffforschung viele Materialien an, die ggf. auch kombiniert werden können, um verbesserte Eigenschaften zu erreichen.

**Mechanische Kompatibilität:** Beispiele für Anforderungen sind der feste Sitz einer Endoprothese, der feste Sitz eines Zahnimplantats, die ausreichende Härte eines Zahnersatzes und die Druckfestigkeit einer künstlichen Ader bei ausreichender Elastizität. Beispiele für Probleme sind die Lockerung einer Endoprothese, der Bruch einer Osteosyntheseschraube oder das Versagen eines Gefäßverschlusses.

**Chemische Kompatibilität:** Beispiele für Anforderungen sind die Degradationsgeschwindigkeit eines resorbierbaren Implantats (z.B. Knochenersatz), die

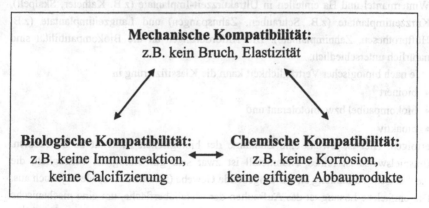

Abbildung 20: Das Spannungsfeld zwischen Mechanik, Biologie und Chemie, in dem sich Biomaterialien bewegen.

Abwesenheit toxischer Abbauprodukte und eine gute lokale Gewebekompatibilität (z.B. Calciumphosphat-Beschichtung von Endoprothesen). Beispiele für Probleme sind die Freisetzung toxischer Monomere und Oligomere aus PMMA-Knochenzement während der Aushärtung, eine mangelnde Resorption von Implantaten (z.B. Keramiken im Knochenersatz) und eine lokale Gewebeschädigung durch saure Abbauprodukte, z.B. von Polyestern (Osteolyse).

**Biologische Kompatibilität:** Beispiele für Anforderungen sind das Ausbleiben einer Immunreaktion und günstige lokale Bedingungen für anhaftende Zellen (z.B. pH, freigesetzte Ionen, Oberflächenrauhigkeit). Beispiele für Probleme sind eine Immunreaktion (lokal oder systemisch) durch körperfremde Proteine, die Calcifizierung von künstlichen Herzklappen und Abwehrreaktionen auf Abriebpartikel aus Endoprothesen (z.B. Polyethylen).

Aus diesen Beispielen geht schon hervor, dass sich die drei Anforderungsprofile nicht streng voneinander trennen lassen. So kann beispielsweise die Freisetzung einer chemischen Komponente aus einem Implantat zur biologischen Abwehrreaktion führen, die ihrerseits den mechanischen Halt des Implantats im Gewebe herabsetzt.

Die Zahl der Biomaterialien im klinischen Einsatz ist sehr groß, ebenso die Palette der Anwendungen. Daher gibt es verschiedene Möglichkeiten, eine Systematik einzuführen. Nachstehend sollen einige Klassifizierungen besprochen werden.

Stofflich betrachtet lassen sich Biomaterialien in vier Stoffklassen einteilen: Metalle, Keramiken, Polymere und Verbundwerkstoffe aus diesen Komponenten.

Über die Dauer der Wechselwirkung mit dem Gewebe lassen sich Implantate nach Wintermantel und Ha einteilen in Ultrakurzzeit-Implantate (z.B. Katheter, Skalpell), Kurzzeitimplantate (z.B. Schrauben, Zahnspangen) und Langzeitimplantate (z.B. Hüftprothesen, Zahnimplantate). Die Anforderungen an die Biokompatibilität sind natürlich unterschiedlich.

Je nach biologischer Verträglichkeit kann die Klassifizierung in

- bioinert
- biokompatibel bzw. biotolerant und
- bioaktiv

erfolgen. Hier ist jeweils eine Zunahme der biologischen Aktivität zu beobachten. Beispielsweise ist reines Titanmetall ist zwar sehr gut biologisch verträglich, die mechanische Anbindung an das umgebende Gewebe (z.B. Knochen) bleibt jedoch aus. Die einfachste Lösung ist das Aufrauhen der Metalloberfläche, um eine mechanische Verankerung zu erreichen. Eine chemische Anhaftung kann man durch die Beschichtung mit einer biologisch aktiveren Substanz wie Calciumphosphat (z.B. Hydroxylapatit) erreichen, die ihrerseits eine feste Verbindung zum umgebenden Knochen

Abbildung 21: Schematische Einteilung einiger Biomaterialien.

herstellt. Eine weitere Steigerung der biologischen Aktivität läßt sich durch die Anbindung von Biomolekülen (z.B. RGD-Peptidsequenzen zur Ankopplung an Integrine) an die Oberfläche erreichen. Abbildung 21 zeigt einige Materialien und die Einordnung im Sinne dieser Klassifikation.

Streng genommen gibt es keine völlig bioinerten Materialien, da jedes Material mit dem umgebenden Gewebe in Wechselwirkung tritt, und sei es nur durch die Ausbildung einer internen Grenzfläche zwischen Implantat und Gewebe, die zur Anlagerung von Biomolekülen, Mikroorganismen oder Zellen führt.

Für den Begriff „Biokompatibilität" gibt es eine Definition der *European Society for Biomaterials* (1986): *„The ability of a material to perform with an appropriate host response in a specific application"*.

Es lohnt sich, über diese Definition nachzudenken. Sie bedeutet, dass ein Material für eine bestimmte Anwendung geeignet ist. Für andere Anwendungen mag es ungeeignet sein. Biologisch abbaubare Polymere mögen zur Wundabdeckung gut geeignet sein; zur Herstellung von Zahnersatz oder Prothesenschäften würde aber ihre mechanische Stabilität nicht ausreichen. Umgekehrt sind Aluminiumoxid-Keramiken aufgrund ihrer hohen Härte gut für Hüftgelenk-Pfannen geeignet; sobald es auf elastische Eigenschaften ankommt (z.B. Nahtmaterial oder künstliche Adern), sind sie naturgemäß völlig ungeeignet. Die Eignung eines Stoffes als Biomaterial hängt also von der jeweiligen Fragestellung ab. Weiterhin kann ein gegebener chemischer Stoff (d.h. ein Material) sich unterschiedlich verhalten, je nach Geometrie: Ein kompakter Titanblock wäre weitgehend bioinert, eine aufgeraute Titanoberfläche kann zur mechanisch stabilen Integration in den Knochen führen, ein makroporöses Titanimplantat kann von Gewebe durchbaut werden.

Je nach dem Verhalten im Körper können Biomaterialien weiterhin als

- biostabil und
- biodegradierbar

eingeteilt werden. Der erste Fall ist für Implantate mit gleichbleibender (meist mechanischer) Funktion gedacht (z.B. Prothesen, Zahnersatz, Osteosynthesematerial), in die zweite Kategorie fallen Implantate, die nach Erfüllung ihrer Funktion „verschwinden sollen", z.B. Wirkstoffträger, Knochenersatzmaterialien, Hautersatz und resorbierbares Nahtmaterial. Sowohl biologische Lebensdauer als auch biologische Kompatibilität hängen letztlich direkt von der chemischen Natur der eingesetzten Materialien ab.

Wintermantel und Ha unterscheiden weiterhin zwischen Strukturkompatibilität (insbesondere gute mechanische Eigenschaften) und Oberflächenkompatibilität (insbesondere die Wechselwirkung mit dem umgebenden Gewebe). Der Kontakt zwischen Implantat und Körpergewebe erfolgt an der Grenzfläche. Daraus folgt sofort, dass die Natur der Grenzfläche entscheidend für die biologische Kompatibilität ist. Grenzflächeneigenschaften wie

- lokale Konzentrationen von Ionen
- lokaler pH-Wert
- Adsorption von Proteinen, Bakterien, Zellen
- Oberflächenmorphologie (glatt, rauh, ...)

gewinnen eine entscheidende Bedeutung. Zur Grenzfläche zählen bei porösen Implantaten auch die für Gewebe oder Körperflüssigkeiten zugänglichen inneren Oberflächen. Daraus können wir zwei wichtige Aussagen ableiten:

- Bei degradierbaren Implantaten bestimmen die Volumen-Eigenschaften (*„bulk-Eigenschaften"*) erst auf längere Sicht die Biokompatibilität (in dem Maße, wie die Degradation fortschreitet).

- Bei nicht-degradierbaren Implantaten können die Volumen-Eigenschaften bedeutungslos sein (Beispiel: ein toxisches oder immunogenes Material ist unschädlich, wenn es dicht von einem biokompatiblen Material umschlossen ist).

Von der Herkunft her kann man noch Materialien biologischen Ursprungs und synthetische Materialien unterscheiden. In die erste Kategorie fallen auch alle Transplantate (d.h. verpflanztes Gewebe oder Organe; z.B. Knochen), bei denen man

- autogene Transplantate (auch autologe Transplantate genannt; Transplantation von körpereigenem Material des Patienten)

- allogene Transplantate (Transplantation von humanem Spendermaterial, d.h. von anderen Spendern) und

- xenogene Transplantate (Transplantation von nicht-humanem Spendermaterial, d.h. von Tieren)

unterscheidet. Solche unbehandelten Transplantate zählt man im Allgemeinen nicht zu den Biomaterialien. Problematisch ist außer bei autogenen Transplantaten stets ein Infektionsrisiko und eine potenzielle Immunogenität durch körperfremdes Material. Um dies zu vermeiden, können aus biologischen Materialien durch chemische oder thermische Behandlung halbsynthetische Biomaterialien hergestellt werden. Beispiele sind das „Brennen" von Rinderknochen oder die chemische Behandlung von tierischem Knochen, um Knochenersatzmaterialien zu erhalten, die nicht mehr immunogen sind. Die Gewinnung des chemischen Stoffs Kollagen aus tierischem Gewebe durch Auflösen und Wiederausfällen ist ein noch weitergehender Fall einer chemischen Behandlung eines biologischen Rohstoffs.

**Metalle in der Medizin**

Metalle werden schon lange in der Medizin als Implantat-Werkstoffe verwendet. Erste Metallimplantate gab es im 18. Jahrhundert; in der zweiten Hälfte des 19. Jahrhunderts wurden zunehmend Silberdrähte zur Fixierung eingesetzt. Nach der Entwicklung der rostfreien V2A-Stähle (Cr-Ni-Stahl; Krupp) nach dem Ersten Weltkrieg ergaben sich neue Einsatzmöglichkeiten für Stähle in der Chirurgie (insbesondere zur Osteosynthese). 1936 kamen Co-Cr-Legierungen („Vitallium") für die Osteosynthese und den Dentalbereich hinzu. Seit den 50er Jahren des 20. Jahrhunderts werden Titan und seine Legierungen eingesetzt.

Tabelle 3: Metallische Werkstoffe in der Medizin.

| Material | Beispiel (Anteile in Gew.-%) | Typische Einsatzbereiche |
|---|---|---|
| Rostfreier Stahl | AISI 316 L: 17-20 % Cr, 12-14 % Ni, 2-4 % Mo, <0.03 % C, Rest Fe | Osteosynthese, Zahnprothesen, Endprothesen, orthodontische Drähte |
| Cobalt-Chrom-Legierungen | Co-Cr ASTM F75: 28 % Cr, 6 % Mo, 2 % Ni, Rest Co („Vitallium") | Osteosynthese, Zahnprothesen, Endprothesen |
| Titan | cpTi (*commercially pure titanium*): 100 % Ti | Osteosynthese, Brackets, orthodontische Drähte, Zahnprothesen, Zahnimplantate |
| Titan-Legierungen | Ti6Al4V: 6 % Al, 4 % V, 90 % Ti | Osteosynthese, Endoprothesen, Zahnimplantate |
| Nickel-Titan-Legierungen | Nitinol®: NiTi; 50 mol-% Ni, 50 mol-% Ti (Formgedächtnislegierung) | Osteosynthese, orthodontische Drähte, Stents |
| Gold, Palladium, Silber, Kupfer, ... | Au, Pd, Ag, Cu, ... (als Legierung) | Zahnprothesen (siehe auch Tabelle 4) |
| Tantal | Ta | Zahnimplantate, Wirbelsäulenimplantate |
| Amalgame | Hg + Ag | Zahnfüllmaterialien |

Insbesondere die guten mechanischen Eigenschaften der Metalle sind vorteilhaft:

- hohe mechanische Stabilität
- Elastizität (nicht spröde, im Gegensatz zu Keramiken)
- gute Verarbeitbarkeit (Duktilität), im Gegensatz zu Keramiken
- einfache und vergleichsweise kostengünstige Herstellung

Nachteilig sind unter Umständen

- die Abwesenheit einer Biodegradierbarkeit (je nach Anwendung ist dies ein Vorteil [Zahnimplantate] oder ein Nachteil [Knochenersatz])
- ein möglicher Abbau durch Korrosion, mechanischen Verschleiß und Ermüdung, der zur Freisetzung toxischer oder allergener Ionen führen kann, oder Abwehrreaktionen auf mikroskopische Partikel hervorrufen kann
- die Gefahr einer Sensibilisierung (Induktion von Allergien, z.B. gegen Nickel)

Grundlegende Voraussetzung für einen Einsatz als Biomaterial ist eine ausreichende Korrosionsbeständigkeit, die den Bedingungen im Gewebekontakt standhalten kann. Körperflüssigkeiten sind chemisch betrachtet recht aggressive Medien, bedingt durch erhöhte Temperatur (37 °C), chemische Zusammensetzung (Salzlösung) und biologische Aktivität (Enzyme, Makrophagen). Auch wenn das für viele Materialien kurzfristig tolerabel ist, müssen die meisten Implantate über Monate bis hin zu vielen Jahren unter diesen Bedingungen korrosionsstabil sein.

Chemisch betrachtet sind alle Metalle korrosionsanfällig, d.h. sie können unter entsprechenden Bedingungen oxidiert werden. Als Korrosion bezeichnen wir hier den Materialverlust durch Auflösung oder partikulären Verlust, der meist durch chemische („Rosten" = Oxidation durch Sauerstoff und Wasser) und elektrochemische Vorgänge (z.B. Kontakt edler und unedler Metalle) ausgelöst wird. Wichtig ist daher die Korrosionsresistenz unter den jeweils vorliegenden biologischen Bedingungen und mechanischen (Dauer-)Belastungen. Praktisch sind daher nur wenige Metalle und Legierungen im klinischen Einsatz als Implantate (Tab. 3).

Edelmetalle wie Gold oder Platin sind sehr korrosionsbeständig, weisen aber die Nachteile des hohen Preises und der hohen Dichte auf. Daher weicht man im Allgemeinen auf Nicht-Edelmetalle aus, die eine passivierende Oxidschicht ausbilden, die sich im Idealfall auch bei Beschädigung in Form einer Selbstheilung wieder ausbildet. Klinisch wichtig sind dabei besonders Titan und seine Legierungen sowie korrosionsresistente Edelstähle.

Beim Abbau von Metallen unterscheidet man

- Korrosion durch Körperflüssigkeiten (37 °C, gelöste Salze, Enzyme, Makrophagen, Bakterien), d.h. den chemischen Angriff durch Oxidation.
- Mechanischen Verschleiß durch direkte mechanische Beschädigung der Oberfläche (z.B. Reibvorgänge), d.h. die andauernde Verletzung der Passiv-Schicht, wodurch die Korrosion ins Innere des Implantats vordringen kann.
- Ermüdung durch fortlaufende Wechselbeanspruchung (z.B. permanente Biegebeanspruchung eines Osteosynthese-Implantats) führt zum Verlust der mechanischen Stabilität und langfristig zum Bruch.

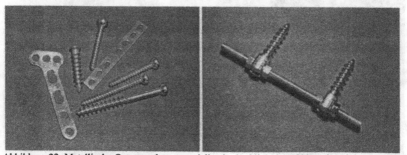

Abbildung 22: Metallische Osteosynthesematerialien in der klinischen Chirurgie. Links: Schrauben und Platten zur Knochenbruchbehandlung. Rechts: *Fixateur interne*-System zur Anwendung an der Wirbelsäule (überbrückende Fixierung zweier Wirbelkörper).

Zur Knochenbruchbehandlung (Osteosynthese) werden heute vielfach metallische Implantate verwendet, die solche Defekte mechanisch fixieren. Zum Einsatz kommt eine Vielzahl an Implantaten, z.B. Platten, Schrauben und Nägel unterschiedlicher Länge. Abbildung 22 zeigt einige typische Beispiele. Stofflich handelt es sich in der Regel um Edelstähle, Co-Cr-Legierungen oder um Titan und dessen Legierungen. Osteosynthesematerialien aus degradierbaren Polymeren haben sich bisher noch nicht durchsetzen können. Abbildung 23 zeigt anhand von Röntgenbildern typische Einsatzbereiche für metallische Osteosynthesematerialien.

Als Beispiele sollen Dentallegierungen, Titan und NiTi-Formgedächtnislegierungen etwas eingehender vorgestellt werden.

## Dentallegierungen

Dentallegierungen werden in der Zahnmedizin insbesondere zur Herstellung von Brücken, Kronen und Wurzelkanalstiften verwendet. Sie sind ein Beispiel für eine vieljährige Optimierungsarbeit hinsichtlich mechanischer Eigenschaften (Härte, Verschleißfestigkeit und Verarbeitbarkeit), chemischer Eigenschaften (Korrosionsstabilität, möglichst kleine elektrochemische Potentiale) und biologischer Eigenschaften (keine Freisetzung toxischer oder allergener Ionen). Hinzu kommt in zuneh-

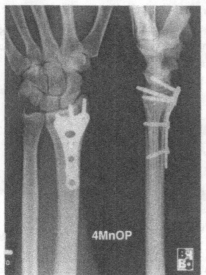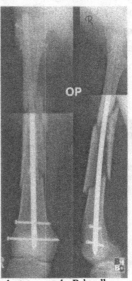

Abbildung 23: Röntgenaufnahmen von metallischen Implantaten nach Behandlung einer Handwurzelfraktur (links) und einer Oberschenkelfraktur (rechts) (S. Esenwein).

mendem Maße die Forderung nach „finanzieller Kompatibilität", d.h. nach möglichst niedrigen Materialkosten der Behandlung.

Die ersten Dentallegierungen im 19. Jahrhundert waren Goldschmiedelegierungen aus Gold, Kupfer und Silber. Auch aus Kostengründen wurden Goldanteile später durch die damals preisgünstigeren Platinmetalle (vor allem Pt, Pd) ersetzt. Diese führten überdies zu günstigeren mechanischen Eigenschaften und zu helleren Legierungen. Während des Ersten Weltkrieges und in den Jahren danach wurden in Deutschland Goldersatzlegierungen aus goldfarbenem Messing (Cu-Zn-Legierungen) eingesetzt. Diese korrodierten schnell unter den aggressiven Bedingungen des Mundmilieus. Auch nach der Überwindung der wirtschaftlichen Schwierigkeiten wurde die Suche nach biokompatiblen, aber preiswerteren Legierungen fortgesetzt. So wurden verstärkt Goldanteile durch Palladium ersetzt (Gold-Palladium-Legierungen; „Spargolde") und goldfreie Silber-Palladium-Legierungen entwickelt. Als nach dem Beginn des Zweiten Weltkrieges die Einfuhr von Palladium wegfiel, wurden Silber-Cadmium-Legierungen eingesetzt. Diese haben eine nur ungenügende Korrosionsstabilität und setzen das heute als toxisch identifizierte Cadmium frei. Nach dem Zweiten Weltkrieg kehrte man zu hochgoldhaltigen Dentallegierungen zurück. Gesetzliche Regelungen zur Kostendämpfung schränken heute die zu verwendenden Werkstoffe auf Palladiumbasislegierungen mit niedrigem Goldgehalt oder edelmetallfreie Legierungen ein. Edelmetallfreie Dentalwerkstoffe wurden 1919 mit rostfreiem Stahl und in den 1930er Jahren mit Co-Cr-Legierungen eingeführt. Heute wird auch Titan im Dentalbereich eingesetzt.

Die Geschichte der Dentallegierungen ist vom Spannungsfeld zwischen Eigenschaften, Verarbeitbarkeit und Preis geprägt. Dabei werden heute bis zu 10 unterschiedliche Metalle legiert, um die für die mechanischen Eigenschaften ausschlaggebende Mikro-Gefügestruktur (d.h. Art, Anordnung und Geometrie der Kristallite) zu erreichen. Daraus fertigt man beispielsweise besonders harte Legierungen, besonders korrosionsstabile Legierungen, besonders gefärbte Legierungen (z.B. Weißgoldähnlich) und besonders gut mit Keramiken verbindbare Legierungen (wichtig für Brückenkonstruktionen). Bei den Nichtedelmetall-Legierungen sind vor allem Cobalt-Chrom-Legierungen, Nickel-Chrom-Legierungen und rostfreie Stähle (Chrom-Nickel-Stähle) von Bedeutung. Die Ausbildung einer Passivschicht aus Chromoxid ist entscheidend für die Korrosionsstabilität.

Tabelle 4: Typische Legierungszusammensetzungen in der Zahntechnik (alle Angaben in Gewichtsprozent).

| | Farbe | Dichte /g cm$^{-3}$ | Au | Pt | Pd | Ag | Cu | In | Sn | Fe | Co | Ni | Cr | Weitere |
|---|---|---|---|---|---|---|---|---|---|---|---|---|---|---|
| Hochedelmetallhaltige weiche Gusslegierung | gelb | 16-18.2 | 77-94 | | <2 | 5-16 | 2-8 | | | | | | | |
| Hochedelmetallhaltige extraharte Gusslegierung | gelb | 13.8-16.7 | 58-79 | 0-9 | <4 | 8-16 | 1-17 | | | | | | | Ir <1, Zn <3, Sn <1, |
| Wurzelstiftlegierung | weiß | 17-18 | 46-61 | 20-24 | 15-25 | | | | | | | | | Ir <1 |
| Goldreduzierte Legierung | gelb | 13.2-15.5 | 50-70 | <1 | 2-8 | 18-39 | 7-11 | | | | | | | Ru <1, Ir <1, Zn <2, In <2 |
| Silber-Gold-Legierung | gelb | 10.7-12.2 | 20-39 | | | 6-20 | 38-47 | | 15-18 | | | | | Ir <2, Zn 1-6 |
| Silber-Palladium-Legierung | weiß | 10.5-11.1 | 1-13 | | 18-28 | 53-61 | 7-15 | | | | | | | Ru <2, Ir <2, Zn <4 |
| Aufbrennlegierung, extrahart | gold | 14.1-19.5 | 70-98 | 0-19 | 0-9 | <2 | | <3 | | <2 | <2 | | | Ru <2, Ir <2, Zn <2, Sn <2, Ta <2, Ti <2, Mn <2, Nb <2 |
| Palladium-Zinn-Legierung | weiß | 10.1-11.1 | <5 | | 73-83 | | | <5 | 6-13 | | | | | Ru <2, Ir <2, Zn <5, Ga 3-6 |
| Kobalt-Chrom-Molybdän-Legierung | platin weiß | 7.8-8.4 | | | | | | | | | 60-68 | | 25-32 | Mo 4-8 |
| Nickel-Chrom-Legierung | platin weiß | 8.2-8.6 | | | | | | | | 0-9 | | 59-74 | 21-26 | Mo 3-5 |
| Dental-Edelstahl | | 7.7-7.8 | | | | | | | | 72-74 | | 7-10 | 17-18 | |

Tabelle 4 gibt einige typische Zusammensetzungen von Dentallegierungen an. Die Vielzahl der hinzulegierten Metalle und Halbmetalle (B, Si, Ga) illustriert, in welch hohem Maße hier langjährige metallurgische Forschungsarbeit zu praktikablen Werkstoffen führte. Zum Verbinden von mechanisch günstigen, da sehr zähen, Metallgerüsten mit hellen keramischen Verblendungen, die ästhetisch ansprechend sind (z.B. Brücken), müssen zwei unterschiedliche Werkstoffklassen stabil verbunden werden. Dies geschieht über die Zugabe von unedlen Metallen (vor allem In, Sn, Zn, Fe) zum metallischen Werkstoff („Aufbrennlegierung"), die sich beim Aufbrennvorgang in Haftoxide umwandeln. Diese Haftoxide erhöhen die Affinität der Metalloberfläche zur ebenfalls oxidischen Keramik und somit die Haftfestigkeit. Auch hier führte die Optimierung zur Verwendung immer komplexerer Legierungen.

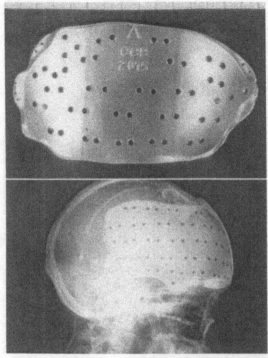

Abbildung 24: Titan-Implantate mit individueller Geometrie zur Schädeldefektbehandlung (CranioConstruct Bochum; CCB).

## Titan

Obwohl es ein relativ teures Material ist, hat sich Titan als Implantatmaterial in vielen Bereichen durchgesetzt. Dies liegt daran, dass sich dieses an sich unedle Metall durch eine Oxidschicht ($TiO_2$) sehr schnell passiviert, wobei im Fall einer mechanischen Beschädigung der Oxidschicht schnell Selbstheilung durch erneute Passivierung eintritt. Titandioxid ist kaum säure- oder basenlöslich, d.h. das so passivierte Metall verträgt auch aggressive pH-Bedingungen. Die Gewebereaktion auf Titan ist in der Regel positiv; Gewebezellen umschließen ein kompaktes Implantat und wachsen in poröse Implantate ein. Das Metall selbst ist ungiftig, nicht immunogen, hat eine geringe Dichte (4.5 g $cm^{-3}$) und gute mechanische Eigenschaften. Die Elastizität ist etwas höher als bei Stahllegierungen und daher näher am Material „Knochen", wichtig für Implantate im Knochenbereich. Ein zu steifes Osteosynthesematerial (d.h. ein

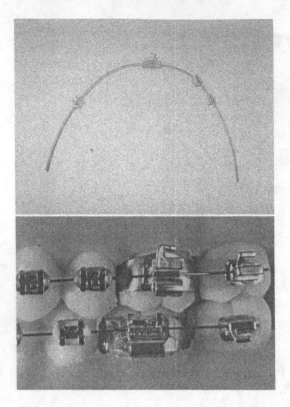

Abbildung 25: Oben: Ein orthodontischer Draht aus NiTi, Stahl oder Titan, wie er in der Kieferorthopädie zur Korrektur von Zahnfehlstellungen eingesetzt wird. Der Draht wird durch „Brackets" gezogen, die direkt auf die einzelnen Zähne geklebt werden (unten) (A. Klocke).

hoher E-Modul) nimmt bei einer Lasteinwirkung die ganze Last auf sich, so dass der Knochen nicht mechanisch beansprucht wird. Dieses *stress shielding* kann zum biologischen Rückbau des Knochens führen, z.B. unter einer Metallplatte.

Für lasttragende Implantate ist reines Titan oft zu weich, so dass man härtere Legierungen wie Ti6Al4V einsetzt. Zur Verbesserung der Biokompatibilität ist Titan durch Plasmaspray-Verfahren oder Tauchverfahren leicht mit Calciumphosphaten zu beschichten; ebenso läßt sich die Oxid-terminierte Oberfläche auch biologisch funktionalisieren. Als besonders innovatives Verfahren sei noch die CAD-CAM-Fertigung von individuellen Titan-Implantaten zur Behandlung von Schädeldefekten beispielhaft angeführt. Hier wird ein Defekt zunächst computertomographisch vermessen.

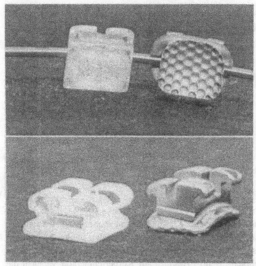

Abbildung 26: Brackets für die Kieferorthopädie aus einkristallinem Aluminiumoxid (links; transparent aus kosmetischen Gründen) und aus Metall (rechts; z.B. Titan oder Edelstahl).

Anschließend werden die geometrischen Daten durch eine Fräsmaschine direkt in ein individuelles Implantat umgesetzt (Abb. 24).

*Formgedächtnislegierungen*

Formgedächtnislegierungen sind eine seit den 50er Jahren des 20. Jahrhunderts bekannte Stoffklasse. Sie zeigen den Formgedächtniseffekt: Man kann sie kalt verformen und beim Erwärmen nehmen sie die ursprüngliche Geometrie wieder ein („Einwegeffekt"). Bei geeigneter Vorbehandlung wird auch die Ausgangsgeometrie beim Abkühlen wieder eingenommen („Zweiwegeffekt"). Weiterhin weisen Formgedächtnislegierungen eine extrem hohe Elastizität und Biegsamkeit auf, die von anderen Metallen nicht erreicht wird („Superelastizität"). Diese günstigen mechanischen Eigenschaften haben zu vielen Ideen geführt, wie man Implantate aus diesen Werkstoffen herstellen könnte.

Stofflich betrachtet gibt es eine größere Anzahl von Legierungen, die Formgedächtniseigenschaften aufweisen. Aus den oben diskutierten Gründen hat sich nur ein Werkstoff durchgesetzt: Die Legierung NiTi, die 1963 als Nitinol® entdeckt wurde (Nitinol® steht für *Nickel Titanium Naval Ordnance Laboratory*, den Ort, an dem der Werkstoff erstmalig synthetisiert wurde). Die mechanischen Eigenschaften und die Temperatur der Formgedächtnis-Umwandlung lassen sich über das Verhältnis

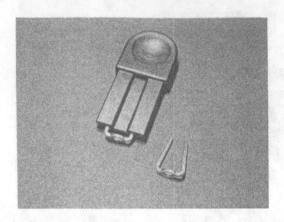

Abbildung 27: Eine Fußklammer aus Nitinol. Die Klammer ist im Ruhezustand zusammengebogen (rechts). Vor der Implantation werden die Arme der Klammer in der beigefügten Plastikvorrichtung (links) parallel auseinandergebogen und gekühlt. Die Klammer wird im kalten Zustand in den Knochenbruch eingebracht. Beim Erwärmen auf Körpertemperatur versucht die Klammer, wieder die ursprüngliche zusammengebogene Geometrie einzunehmen und drückt damit die Fraktur zusammen.

Nickel:Titan einstellen. In Deutschland sind NiTi-Legierungen im klinischen Einsatz als intravaskuläre Stents (zum offen halten von Adern; aufgrund der hohen Elastizität), als orthodontische Drähte (Elastizität und mechanische Rückstellkraft; Abbildungen 25 und 26), als Klammern für die Fußchirurgie (Formgedächtniseffekt: Einnahme der ursprünglichen Geometrie beim Erwärmen auf Körpertemperatur) und als sogenannte Mikro-Coils zum Verschluss von Aneurysmen (Blutgefäßausstülpungen) im Gehirn (Elastizität). Abbildung 27 zeigt die Funktionsweise einer NiTi-Fußklammer, die aufgespannt in den Knochendefekt eingebracht wird und beim Erwärmen auf Körpertemperatur die zusammengeklappte Geometrie wieder einnimmt. Die resultierende Kompressionskraft begünstigt die Heilung und Stabilisierung. Abbildung 28 zeigt das Prinzip des Formgedächtniseffektes.

NiTi-Werkstoffe sind ein schönes Beispiel für notwendige Kompromisse bei Biomaterialien: Die mechanischen Eigenschaften sind exzellent für die chirurgische Anwendung geeignet. Die chemische Zusammensetzung zeigt aber ein grundlegendes Problem: Mehr als 50 Gewichtsprozent Nickel geben Anlass zu Bedenken hinsichtlich einer möglichen sensibilisierenden Wirkung, insbesondere bei Patienten mit vorhandener Nickel-Allergie (in Europa leiden ca. 22 % aller Frauen und 6 % aller Männer an einer Nickel-Allergie; Tendenz zunehmend). Glücklicherweise ergibt sich, dass sich die Oberfläche dieses Werkstoffs schnell mit einer passivierenden $TiO_2$-

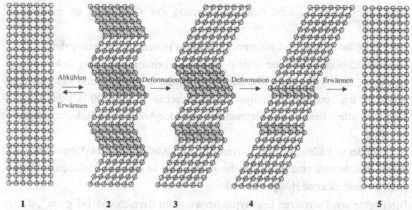

Abbildung 28: Das Prinzip des Formgedächtniseffektes: Im warmen Zustand liegt das Material in einer kubischen Kristallstruktur vor („Austenit"; 1). Beim Abkühlen tritt eine Phasenumwandlung in eine monokline Kristallstruktur ein („Martensit"), wobei sich die Domänen abwechseln („verzwillingt"). Makroskopisch ist keine Veränderung zu beobachten (2). Eine Deformation (=Verbiegen) führt zur plastischen Verformung, wobei einzelne Domänen ihre Orientierung ändern (3 und 4). Beim anschließenden Erwärmen richten sich die gekippten monoklinen Domänen wieder auf, so dass die ursprüngliche kubische Geometrie wieder eingenommen wird (5, Formgedächtniseffekt).
Die Superelastizität (=hohe reversible Biegsamkeit) beruht auf dem reversiblen (elastischen) Umklappen der kubischen Struktur in monokline Domänen unter mechanischer Beanspruchung (z.B. Biegen) ohne thermische Behandlung.

Schicht überzieht, so dass die Biokompatibilität offenbar ähnlich gut ist wie bei Titan. Dennoch bleiben (z.T. auch psychologische) Bedenken hinsichtlich der Langzeit-Biokompatibilität dieses Materials.

## Polymere in der Medizin

Die zweite wichtige Werkstoffklasse sind Polymere („Kunststoffe"). Diese werden seit den 1960ern klinisch eingesetzt. Sie weisen einige vorteilhafte Eigenschaften auf, die unterschiedlichste Anwendungsgebiete ermöglicht haben, wobei die Fortschritte der modernen Polymerchemie zur Erweiterung des Anwendungsspektrums stark beigetragen haben:

- Durch Variation der chemischen Natur der Polymerketten (s.u.) können die Materialeigenschaften nahezu beliebig variiert werden: elastisch–hart, biodegradierbar–degradationsstabil, hydrophil–hydrophob.

- Eine chemisch-biologische Funktionalisierung der Oberfläche ist meist leicht möglich.
- Die Herstellungswege sind ausgereift und meist kostengünstig realisierbar.
- Polymertechnisch sind eine Reihe von Verarbeitungsprozessen bekannt (z.B. Extrusion, Spritzguss, Aufschäumen, Weben), die in Kombination mit „handhabbaren" Schmelzpunkten (im Allgemeinen zwischen 50 und 300 °C) die Realisierung von unterschiedlichsten Geometrien und Morphologien (z.B. kompakt-porös) erlauben.
- In besonderen Fällen ist eine Polymerisation (Aushärtung) im Körper möglich; damit erreicht man eine geometrische Anpassung an einen aufzufüllenden Defekt (z.B. bei zementierten Hüftprothesen).
- Die Dichte von Polymeren liegt typischerweise im Bereich von 1-2 g cm$^{-3}$, d.h. es handelt sich um leichte Werkstoffe.

Eine Reihe von Nachteilen zwingt auch hier zu Kompromissen:

- Die mechanischen Eigenschaften (vor allem Härte, Zug- und Verschleißfestigkeit) reichen nicht an die von Metallen heran.
- Anders als bei Metallen können sich die Eigenschaften im Gewebekontakt verändern, z.B. durch Quellung, Hydrolyse oder Degradation.
- Beim Abbau entstehende Monomere oder Oligomere sind u.U. schädlich für den Körper.
- Die notwendige Sterilisation (z.B. $\gamma$-Bestrahlung, Ethylenoxid, Autoklavieren) kann durch chemische Beeinträchtigung der Struktur (z.B. Kettenspaltung, Hydrolyse, Oxidation) die Eigenschaften beeinflussen
- Die Charakterisierung und Reproduktion der Eigenschaften ist meist schwieriger als bei Metallen oder Keramiken, da mehr Variationsparameter vorhanden sind (siehe unten).

Tabelle 5 zeigt einige typische Anwendungen von Polymeren in der Medizin, geordnet von „biologisch" zu „synthetisch".

Polymere sind chemisch betrachtet langkettige Moleküle, die aus kleinen Wiederhol-Einheiten („Monomere") bestehen. Die Anzahl der Monomer-Einheiten in einem Polymer bezeichnet man als Polymerisationsgrad $n$ (engl. *degree of polymerisation*; DP). Kurze Ketten mit kleinem $n$ (bis ca. 10) nennt man Oligomere. Im Allgemeinen sind in einer makroskopischen Polymer-Probe Moleküle unterschiedlicher Kettenlänge vorhanden, so dass man sich auf die Angabe eines Mittelwerts für den Polymerisationsgrad beschränkt. Zur Messung gibt es unterschiedliche Methoden (z.B. Viskosimetrie, Gelpermeationschromatographie GPC, Lichtstreuung), die zu unterschiedlich definierten Werten für den Polymerisationsgrad $n$ führen. Sind die Monomereinheiten

Tabelle 5: Einige in der Medizin eingesetzte polymere Werkstoffe.

| Material | Biodegradierbar? | Typische Anwendungen |
|---|---|---|
| Cellulosederivate | Ja | Blutwäsche, Kontrollierte Wirkstofffreisetzung |
| Kollagen (tierisch) | Ja | Wundabdeckungen, Nahtmaterial, Knochenersatz |
| Polyester (Polyglycolid PGA, Polylactid PLA, Polydioxanon) | Ja | Wundabdeckung, Knochenersatz, kontrollierte Wirkstofffreisetzung, Nahtmaterial, Osteosynthese |
| Polyvinylalkohol (PVA) | Ja | Kontrollierte Wirkstofffreisetzung, Wundabdeckungen |
| Polyethylen (PE) | Nein | Künstliche Gelenkpfannen, Sehnen- und Bandersatz |
| Polyethylenterephthalat (PET) | Nein | Künstliche Adern, Sehnen- und Bandersatz |
| Polyetheretherketon (PEEK) | Nein | Künstliche Bänder |
| Polyurethane | im Allgemeinen nicht | Künstliche Adern, Zahnprothesen, künstliche Herzklappen |
| Poly(hydroxyethyl)methacrylat (PHEMA) | Nein | Weiche Kontaktlinsen, Wundabdeckungen, kontrollierte Wirkstofffreisetzung, Brustprothesen |
| Bis-GMA = Bis-Phenol-A-Glycidylmethacrylat | Nein | Zahnfüllmaterial |
| Polymethylmethacrylat (PMMA) | Nein | Knochenzement, kontrollierte Wirkstofffreisetzung, harte Kontaktlinsen, künstliche Zähne, Zahnprothesen |
| Polysiloxane (Silicone) | Nein | Fingergelenke, Brustprothesen, künstliche Adern, künstliche Herzklappen |
| Polytetrafluorethylen (PTFE, Teflon®) | Nein | Künstliche Adern, Nahtmaterial, Wundabdeckungen |

alle gleich, so bezeichnet man das Polymer als Homopolymer. Sind sie unterschiedlich, so nennt man es Copolymer.

**Beispiel:** Das Homopolymer der Glycolsäure ist das Polyglycolid (engl. *polyglycolic acid*; PGA), das formal durch Abspaltung von Wassermolekülen zwischen den Monomeren entsteht:

$$n \, HO\text{-}CH_2\text{-}COOH \rightarrow HO\text{-}[\text{-}CH_2\text{-}COO\text{-}]_n\text{-}H + (n\text{-}1) \, H_2O$$

Jede einzelne Kette weist zwei Endgruppen auf, die nicht identisch sein müssen (wie in diesem Beispiel). Das entsprechende Homopolymer der Milchsäure ist das Polylactid (engl. *polylactic acid*; PLA):

51

$$n \text{ HO-CH(CH}_3\text{)-COOH} \rightarrow \text{HO-[-CH(CH}_3\text{)-COO-]}_n\text{-H} + (n\text{-}1) \text{ H}_2\text{O}$$

Die chemische „Mischung" von Glycolsäure und Milchsäure führt zu einem Copolymer, dem Poly(glycolid-*co*-lactid) PGLA:

$$\text{-[-CH}_2\text{-COO-]}_n\text{-[CH(CH}_3\text{)-COO-]}_m\text{-} \qquad = G_n L_m$$

Üblicherweise gibt man das Mischungsverhältnis in der Bezeichnung an. PGLA 70:30 enthält z.B. 70 mol-% Glycolsäure und 30 mol-% Milchsäure. Dabei ist jetzt zu beachten, dass die Abfolge der unterschiedlichen Monomere in einer Kette unterschiedlich sein kann. Die Angabe 70:30 sagt nichts über die Verknüpfung der Monomere aus. Man unterscheidet

- statistische Copolymere (keine Ordnung): LLGLGGLLLGGLGLGGGLGL
- Block-Copolymere: GGGLLLLLLLGGGGGGGGLLLLLLLLLLLGGGGGGGGLLLL, wobei die Blöcke nicht alle die gleiche Länge haben müssen.
- Alternierende Copolymere: LGLGLGLGLGLGLGLGLG
- Pfropf-Copolymere: An eine lange Kette eines Homopolymers sind wie bei einer Bürste kürzere Ketten „angepfropft":

```
     G       G  G          G
     G   G   G  G          G
     G   G   G  G    G  G
     G   G   G  G    G  G
LLLLLLLLLLLLLLLLLLLLLLLLLLLL
     G G G   G    G    G
     G G G   G    G    G
     G G     G    G    G
     G G     G    G
```

Auch hier müssen die Seitenketten nicht alle gleich lang sein. Auch viele Homopolymere bestehen nicht nur aus linearen Ketten, sondern aus zwei- oder dreidimensional verküpften Netzwerken. Diesen Parameter bezeichnet man als Vernetzungsgrad.

Biologische, chemische und mechanische Eigenschaften eines Polymers hängen von der molekularen Struktur ab, d.h. letztlich von den Kettenlängen und der Natur der Ketten. Weiterhin kann die Anordnung der Moleküle in einem festen Polymer geordnet sein, so dass ein kristalliner Festkörper entsteht, oder sie kann ungeordnet sein, so dass ein amorpher Festkörper entsteht. Den Anteil der geordneten Bereiche bezeichnet man als Kristallinitätsgrad. Die meisten Polymerwerkstoffe sind entweder amorph (Kristallinitätsgrad null) oder teilkristallin (Kristallinitätsgrad zwischen 0 und 100 %).

Ein wichtiger Stoffparameter von amorphen und teilkristallinen Polymeren ist die Glasübergangstemperatur (auch Glastemperatur) $T_g$ oder $T_{gt}$. Oberhalb dieser Temperatur sind die Polymerketten im Festkörper beweglich, unterhalb dieser Temperatur sind sie fixiert. Dies führt makroskopisch dazu, dass Polymere oberhalb der Glastemperatur elastisch-flexibel sind (wie Gummi), unterhalb dieser Temperatur dagegen hart und spröde (wie Plastik). Vollständig kristalline Polymere besitzen keine Glastemperatur, sondern nur eine Schmelztemperatur.

Für den Einsatz als Biomaterial spielen die folgenden Eigenschaften eine Rolle:

- Mechanische Eigenschaften
- Verweildauer im Körper (Biodegradation)
- Biokompatibilität im Gewebekontakt (Oberflächeneigenschaften)

die ihrerseits durch die folgenden Stoffparameter einstellbar sind:

- die Art der Monomer-Einheiten
- bei Copolymeren: Mengenanteile der einzelnen Monomere, Abfolge der Monomeren in einer Kette (statistisch, alternierend, Block, Propf).
- die mittlere Kettenlänge (Polymerisationsgrad)
- den Grad der Kettenvernetzung
- den Kristallinitätsgrad
- die Glastemperatur
- die Morphologie (massiv, porös)
- die Oberflächeneigenschaften (z.B. können hydrophobe Polymere oxidiert werden, um die Oberfläche durch die Einführung von OH- oder COOH-Gruppen hydrophil zu machen)

Die Kontrolle und Einstellung aller dieser Eigenschaften ist nicht einfach, wird aber von der modernen Polymerchemie gut beherrscht. Damit lassen sich Polymere mit nahezu beliebigen Eigenschaften herstellen. Die chemische Synthese beginnt im Allgemeinen mit den Monomer-Molekülen, die (oft unter Zusatz eines Starter-Moleküls, eines „Initiators") zu langen Ketten umgesetzt werden.

Hinsichtlich des Verhaltens im Gewebekontakt lassen sich Polymere in vier Klassen unterteilen (Tab. 6). An Degradationsmechanismen lassen sich hydrolytische Prozesse (chemische Bindungsspaltung in Gegenwart von Wasser) und enzymatische Prozesse („biologische Bindungsspaltung") unterscheiden.

Tabelle 6: Eine Möglichkeit zur Einteilung des Verhaltens von Polymeren im Gewebekontakt.

|  | hydrophil | hydrophob |
|---|---|---|
| hydro-lysierbar | Aufquellen, gefolgt von Degradation (auch von innen). Beispiele: Polyglycolid, Polylactid. Schnellere Degradation, z.b. für Wundverbände | Degradation von der Oberfläche her. Beispiele: Polyurethane, Polyamide, aromatische Polyester. Langsame Degradation, nützlich z.b. für kontrollierte Wirkstofffreisetzung |
| nicht hydro-lysierbar | Aufquellen, aber keine Degradation. Volumenänderung kann u.U. mechanische Degradation bewirken. Beispiele: Silicone, Polyacrylsäure-Derivate. Aufwachsen von Gewebe möglich | kein Quellen, keine Degradation. Beispiele: PTFE=Teflon®, Polyethylen. Oft bioinert, z.b. für permanente Implantate, wenig Zellbesatz |

Im folgenden werden einige Fallbeispiele für Polymere aus der Biomedizin vorgestellt.

*Polyethylen*

Polyethylen ist eines der industriellen Standardpolymere, die in vielen Millionen t jährlich für Gebrauchsgegenstände hergestellt werden. Je nach Synthesemethode erhält man *low density polyethylene* (LDPE) (verzweigt, Molmassen ca. $20 \cdot 10^3$-$600 \cdot 10^3$ g mol$^{-1}$), *high density polyethylene* (HDPE) (weitgehend linear, Molmassen bis $450 \cdot 10^3$ g mol$^{-1}$) und *ultra-high molecular weight polyethylene* (UHMWPE) (weitgehend linear, Molmassen bis $2 \cdot 10^6$-$10 \cdot 10^6$ g mol$^{-1}$). Die Verschleißbeständigkeit ist bei UHMWPE am größten; daher wird dieser Werkstoff in großem Umfang für Knie- und Hüftgelenkendoprothesen verwendet (Abb. 37). Das Material ist bioinert und nicht biodegradierbar. Mikroskopische Abriebpartikel aus Polyethylen in der Umgebung von Endoprothesen stehen im Verdacht, die aseptische Lockerung von Endoprothesen zu begünstigen.

*Polymethylmethacrylat (PMMA, „Plexiglas")*

Die Biokompatibilität von PMMA wurde im zweiten Weltkrieg „entdeckt", als Armeeärzte bemerkten, dass Splitter von PMMA im Gewebe von Verletzten (aus Flugzeugbauteilen) gut einheilten bzw. kaum Abwehrreaktionen hervorriefen. Es ist heute eines der am häufigsten verwendeten Polymere für Implantat-Materialien.

Die Hauptanwendung findet PMMA als Knochenzement (z.B. Pallakos®) zur Fixierung von Hüft-Endoprothesen. Dabei wird der metallische Prothesenschaft im Femur (Oberschenkelknochen) einzementiert, d.h. eine Mischung aus Polymer und Monomer sowie einem Initiator für die Polymerisation (Abb. 29) wird in den Femur zusammen mit der Prothese eingebracht und härtet dort aus (ca. 10 min Verarbeitungs-

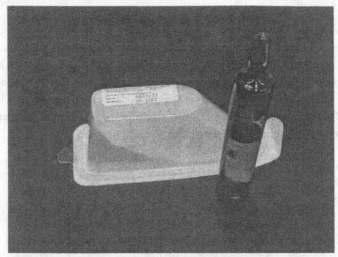

Abbildung 29: Ein PMMA-Knochenzement zum Einsatz in der Medizin. Die zwei Komponenten Pulver (links) und Monomer (rechts in der Glasampulle) werden gemischt und können dann in einen Defekt eingebracht werden.

zeit). Dabei entsteht ein inniger mechanischer Verbund aus umgebendem Knochen, ausgehärtetem PMMA und metallischem Prothesenschaft. Die Polymerisation von PMMA aus dem Monomer Methylmethacrylat ist nachstehend wiedergegeben:

Vorteilhaft an diesem Verfahren sind die hohe mechanische Stabilität und die gute geometrische Anpassung; nachteilig sind die bei der exothermen Polymerisation auftretende Temperaturerhöhung (lokal bis ca. 120 °C) und die Abgabe von Monomeren und Oligomeren in den Blutkreislauf. Außer bei Endoprothesen wird PMMA-Zement auch in anderen Fällen zum Verschluss von Defekten (z.B. im Schädelbereich) verwendet (Abb. 29). Bereits ausgehärtete PMMA-Kugeln werden als Wirkstoffträger (z.B. mit dem Antibiotikum Gentamycin; Septopal®) für die Behandlung von Knochendefekten eingesetzt.

*Resorbierbare Polyester*

Die wichtigsten Klassen der biodegradierbaren Polymere sind Polyglycolide und Polylactide. In dieser Stoffklasse verbinden sich gute mechanische Eigenschaften mit einer guten Biokompatibilität und einer Degradierbarkeit zu ungiftigen Abbauprodukten. Die Herstellung kann biotechnologisch oder chemisch-synthetisch erfolgen. Der übliche chemische Weg ist die ringöffnende Polymerisation der cyclischen Dimere (Polyglycolid: $R = H$; Polylactid: $R = CH_3$):

Der Abbau kann sowohl enzymatisch als auch hydrolytisch erfolgen. Die hydrolytische Spaltung der Esterbindung wird sowohl durch Protonen ($H^+$; niedriger pH-Wert) als auch durch Hydroxid-Ionen ($OH^-$; hoher pH-Wert) katalysiert. Polyester sind dementsprechend im neutralen Bereich am stabilsten. Der Abbau führt über die formale Anlagerung eines Wassermoleküls zu den entsprechenden Hydroxycarbonsäuren Glycolsäure ($R = H$) und Milchsäure ($R = CH_3$):

$$-[-CHR-COO-]_n- + n\ H_2O \rightarrow n\ HO-CHR-COOH$$

Diese können als Bestandteile des normalen Metabolismus im Körper gut verarbeitet werden, führen aber u.U. zur lokalen Absenkung des pH-Wertes.

Die günstigen Eigenschaften haben zu Überlegungen geführt, Polylactide und auch höhere Homologe wie Poly(3-hydroxybutyrat), P-3HB, und Poly(3-hydroxyvalerat), P-3HV) als biodegradierbare Massenkunststoffe im außermedizinischen Bereich einzusetzen, um die langfristig schwer degradierbaren Kunststoffe aus fossilen Quellen (z.B. Polyethylen und Polypropylen) zu ersetzen. Die biotechnologische Herstellung der Polyester ist aus preisgünstigen Rohstoffen (z.B. Mais) möglich, so dass sich letztlich ein geschlossener Kohlenstoff-Kreislauf im Sinne eines *Sustainable Development* ergeben würde.

Die stoffliche Breite der beiden in der Biomedizin verwendeten Systeme Polyglycolid und Polylactid ist bemerkenswert groß. Es gibt zwar nur ein Polyglycolid, jedoch eine Vielzahl von Polylactiden. Dies liegt an der chemischen Natur des Milchsäure-Monomers, das ein chirales Kohlenstoffatom (*) mit vier unterschiedlichen Substituenten aufweist: HO-C*H(CH$_3$)-COOH. Es gibt dabei zwei Möglichkeiten, die vier Substituenten um das Kohlenstoffatom anzuordnen, die sich in den beiden Isomeren D-Milchsäure und L-Milchsäure wiederfinden. Diese haben bis auf die Drehung des polarisierten Lichtes identische chemische und physikalische Eigenschaften.

Entsprechend gibt es zwei unterschiedliche Polylactide, Poly-D-lactid (PDLA) und Poly-L-lactid (PLLA), je nach der Art des Monomers. Setzt man racemische Milchsäure, die aus gleichen Mengen D- und L-Milchsäure besteht, zu einem Polymer um, so kommt man zum Poly-DL-lactid (PDLLA), wobei damit noch keine Aussage über die Abfolge von D- und L-Milchsäure-Einheiten im Polymer verbunden ist (siehe die obige Klassifizierung von Copolymeren). Die physikalischen, mechanischen, chemischen und biologischen Eigenschaften dieser Polylactide unterscheiden sich – trotz identischer chemischer Zusammensetzung – erheblich. So ist Poly-L-lactid hochkristallin, sehr hart, sehr hydrolysestabil und somit nur langsam biodegradierbar, während statistisches Poly-DL-lactid amorph, eher weich, schneller hydrolysierbar und damit schneller biodegradierbar ist. Anschaulich betrachtet liegt das vor allem daran, dass sich die geometrisch identischen Monomer-Einheiten im PLLA gut im Kristall packen lassen, wodurch eine hohe Ordnung und hohe Stabilität entsteht. Im Gegensatz dazu führt die statistische Abfolge der D- und L-Monomere im PDLLA zu einer hohen Unordnung, die zu einem amorphen und somit weniger stabilen Material führt.

Schon ein Material der Zusammensetzung „Polylactid" bietet also eine erhebliche Variationsbreite. Noch größer wird die Vielfalt, wenn man Copolymere aus Polyglycolid und Polylactid betrachet: Poly(glycolid-co-lactid) (PGLA). Zu der normalen Variationsbreite eines Copolymers in Zusammensetzung und Monomerabfolge kommt noch die Variation der Lactid-Komponente. Zusammen mit der generellen Möglichkeit, die mittlere Kettenlänge der Polymere zu variieren, kann man eine Vielzahl von Materialien mit unterschiedlichen Eigenschaften herstellen. Die gängigen Akronyme stoßen dabei schnell an Grenzen der Eindeutigkeit, werden aber dennoch oft verwendet. So bezeichnet man Poly(glycolid-co-L-lactid) als PGLLA und Poly(glycolid-co-DL-lactid) als PGDLLA. Die Anteile der einzelnen Monomere kann man als Zahlen angeben: PGLLA 70:30 bezeichnet dann ein Copolymer aus mol-70 %

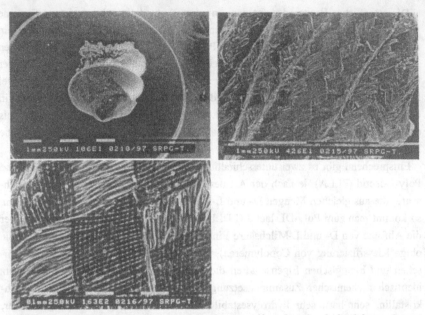

Abbildung 30: Teil einer resorbierbaren Schraube aus *self-reinforced polyglycolide* zur Osteosynthese nach Törmälä und Rokkanen. Die mechanische Festigkeit wird durch die besonders gewebte Mikrostruktur erheblich erhöht (interne Faserverstärkung).

Glycolid und mol-30 % L-Lactid (dabei ist noch nichts über die Abfolge der beiden Monomereinheiten in der Kette ausgesagt!).

Alle Polyester auf Glycolid- und Lactid-Basis weisen eine gute Biokompatibilität für verschiedenste Anwendungen auf. Zur Abschätzung der Eigenschaften dieser Biomaterialien sind die folgenden Faustregeln nützlich:

- Je höher der Glycolid-Anteil, desto schneller die Biodegradation.
- Je größer die mittlere Kettenlänge $n$, desto langsamer die Biodegradation.
- Je höher die Kristallinität, desto härter das Material.
- Je höher die Kristallinität, desto langsamer die Biodegradation.
- Ein höherer Ordnungsgrad in den Polymerketten (insbesondere durch gleiche Monomer-Einheiten) führt zu einer höheren Kristallinität.

Zur groben Orientierung kann man *in vivo*-Degradationszeiten für Polyglycolid (kristallin) und Polyglycolid-Polylactid-Copolymere (amorph) von Wochen bis Monaten, für PDLLA (amorph) von Monaten und für PLLA (kristallin) von Jahren angeben.

Aus resorbierbaren Polyestern stellt man beispielsweise chirurgisches Nahtmaterial, Clips zum Gefäßverschluss, Wundabdeckungen, degradierbare Osteosynthesematerialien (Pins, Platten, Schrauben) und wirkstofftragende Implantate her (Abb. 30). Weiterhin dienen sie als Trägermaterial für die extrakorporale Gewebezüchtung, das *Tissue Engineering*.

## Keramiken in der Medizin

Die dritte wichtige Stoffklasse der Biomaterialien sind die Keramiken. Man kann eine Keramik als „anorganischen, nichtmetallischen Werkstoff" definieren. Die stoffliche Vielfalt ist groß; jedoch werden nur wenige Keramiken tatsächlich in der Medizin eingesetzt. Tabelle 7 zeigt die gängigen keramischen Biomaterialien.

Im wesentlichen kann man zwei Klassen unterscheiden: Bioinerte Hartkeramiken wie $Al_2O_3$ und $ZrO_2$, bei denen vor allem die guten mechanischen Eigenschaften im Vordergrund stehen, und biodegradierbare Keramiken (meist auf Calciumphosphat-Basis), die in erster Linie im Knochenbereich eingesetzt werden. Daher ist bei letzteren die gute Interaktion mit dem umgebenden Gewebe wichtig, d.h. ein gutes Anwachs- und Durchbauverhalten im Knochenkontakt.

Im Vergleich mit Metallen und Polymeren haben Keramiken vor allem den Vorteil der hohen Härte. Nachteilig sind die daraus resultierende z.t. aufwändige Verarbeitung (Formgebung) und die den Keramiken eigene Sprödigkeit. Risse können sich in Keramiken oft schnell ausbreiten, so dass eine lokale Belastung zum Versagen des ganzen Werkstücks führen kann, anders als bei Metallen und Polymeren (anschaulich: Man vergleiche das Verhalten einer Porzellantasse, einer Blechtasse und eines Plastik-

Tabelle 7: In der Medizin eingesetzte Keramiken.

| Material | Biologische Kompetenz | Typische Einsatzbereiche |
| --- | --- | --- |
| Calciumphosphate | Biokompatibel/bioaktiv; meist resorbierbar | Knochenersatz, Beschichtung von Implantaten |
| Biogläser | Biokompatibel/bioaktiv; meist resorbierbar | Knochenersatz |
| Aluminiumoxid | Bioinert; nicht resorbierbar | Gelenkköpfe und Gelenkpfannen von Endoprothesen; Zahnersatz |
| Zirkoniumdioxid | Bioinert; nicht resorbierbar | Gelenkköpfe und Gelenkpfannen von Endoprothesen; Wurzelstifte |
| Glaskeramik auf Feldspat-Basis ($K_2O$-$Na_2O$-$Al_2O_3$-$SiO_2$) | Bioinert; nicht resorbierbar | Zahntechnik: Verblendungen von Brücken und Kronen; künstliche Zähne |

bechers beim Fall aus 1 m Höhe auf den Boden). Durch optimierte Herstellungsverfahren, die auf grundlegenden Erkenntnissen zur Mikrostruktur von Keramiken und
deren Bezügen zu den mechanischen Eigenschaften basieren, haben sich die Eigenschaften von Keramiken in vielen Fällen erheblich verbessern lassen, wodurch neue
Einsatzgebiete erschlossen werden konnten (in der Medizintechnik, aber auch im
Automobil- und Flugzeugbau).

Im folgenden werden einige Keramiken und ihre Hauptanwendungsfelder
besprochen.

*Aluminiumoxid und Zirkoniumdioxid*

Aluminiumoxid ($\alpha$-$Al_2O_3$; Korund) ist eine nicht biologisch abbaubare Hartkeramik,
die vorzugsweise für mechanisch stark belastete Implantate eingesetzt wird. Das
Hauptanwendungsgebiet sind Gelenkköpfe und –pfannen für Endoprothesen (Abb.
37). Daneben wird es in der Zahnmedizin als Zahnüberkronung (Jacketkrone)
eingesetzt. Die Keramik ist sehr hart und abriebfest. Entscheidend für die Mikrostruktur ist das Herstellungsverfahren, da das Rissausbreitungsverhalten dadurch
bestimmt wird. Man strebt möglichst kleine Kristallite in der fertigen Keramik an, z.B.
durch heiß-isostatisches Pressen (HIP). Zirkoniumdioxid ($ZrO_2$) ist eine alternative
Hartkeramik zum Aluminiumoxid. Es wird ebenfalls in Endoprothesen eingesetzt,
daneben auch im Zahnbereich. Zur Verbesserung der mechanischen Eigenschaften
enthält es meist noch andere Metalle, z.B. Magnesium oder Yttrium.

Aluminiumoxid und Zirkoniumdioxid werden im Allgemeinen durch Sinter- oder
Heißpressverfahren hergestellt (siehe Kapitel 7). Entweder wird die gewünschte Form
vor dem Brennen vorgegeben oder durch eine nachträgliche mechanische Behandlung
(z.B. Fräsen, Polieren) erreicht.

*Dentalkeramiken*

Dentalkeramiken werden in großem Umfang in der Zahntechnik als keramische
Verblendung von metallischen Prothesen (Brücken, Kronen) und zur Modellierung
künstlicher Zähne eingesetzt. Die ersten Porzellanvollprothesen wurden bereits im 18.
Jahrhundert gefertigt (Duchateau); erste Porzellanzähne zu Beginn des 19. Jahrhunderts (Stockton). Nach der Entdeckung der Vulkanisation des Kautschuks (Good-
year, 1851) stand auch ein weiches Material zur Verfügung, auf dem Keramikzähne
im Gaumen befestigt werden konnten. Erste individuelle Vollkronen aus
Dentalporzellan zur Überkappung von beschliffenen Zahnstümpfen wurden am Ende
des 19. Jahrhunderts eingesetzt. Seit dem Ende des Zweiten Weltkriegs werden in
großem Umfang Metall-Keramik-Brückenkonstruktionen eingesetzt.

Chemisch betrachtet beruhen die Dentalkeramiken auf Feldspäten, d.h. Natrium- oder Kaliumaluminiumsilikaten. Eine typische Dentalkeramik besteht aus 70-80 % Feldspat ($Na_2O \cdot Al_2O_3 \cdot 6\ SiO_2$ bzw. $K_2O \cdot Al_2O_3 \cdot 6\ SiO_2$), 10-30 % Quarz ($SiO_2$) und 0-5 % Kaolinit (Tonmineral; $Al_2(OH)_4Si_2O_5$). Eingesetzt werden mineralische Rohstoffe mit kleinen Anteilen an Substitutionen; die chemischen Formeln sind daher nicht exakt. Zum Vergleich: Haushaltsporzellan enthält 10-30 % Feldspat, 15-35 % Quarz und 40-70 % Kaolinit. Das Gemenge der Bestandteile wird auf 700-1350 °C erhitzt (je nach Zusammensetzung), wobei Erweichen und Glasbildung eintritt. Diesen Prozess bezeichnet man als „Fritten". Nach dem Abkühlen erhält man eine Glaskeramik, d.h. kleine Kristallite von Leucit ($K_2O \cdot Al_2O_3 \cdot 4\ SiO_2$) in einer amorphen Silikatglas-Matrix. In einigen Präparaten werden durch entsprechende Beimengungen auch Kristallite aus $SnO_2$, $CeO_2$, $ZrO_2$ und $ZrSiO_4$ abgeschieden. Die Glaskeramik wird anschließend fein gemahlen (20-30 μm).

Nach dem Fritten besteht eine typische Dental-Glaskeramik aus den folgenden Komponenten (alle Angaben in Gewichtsprozent):

| | |
|---|---|
| 64.2 % $SiO_2$ | (Glasbildner) |
| 19.0 % $Al_2O_3$ | (Glasbildner) |
| 2.8 % $B_2O_3$ | (Glasbildner) |
| 2.1 % $Li_2O$ | (Flussmittel) |
| 1.9 % $Na_2O$ | (Flussmittel) |
| 8.2 % $K_2O$ | (Flussmittel) |
| 0.5 % $MgO$ | (Flussmittel) |
| 0.7 % $P_2O_5$ | (Opaleszenzbildner) |

Die Brenntemperatur einer solchen Mischung liegt bei etwa 1060-1080 °C. Als Farbkomponenten werden kleine Mengen anorganischer Ionen vor dem Brennvorgang zugesetzt, z.B. In (gelb), Co (blau), Cr (grün), Fe (grau), Ir (schwarz) und Mn (violett).

Je nach Anforderungen werden unterschiedliche Zusammensetzungen der kerami- schen Phase verwendet. Die wesentlichen Anforderungen sind:

- natürliche Farbgebung von opak bis transparent; unterschiedliche Farbtöne
- möglichst geringe Schrumpfung beim Brennen
- der thermische Ausdehnungskoeffizient muss ggf. dem der unterliegenden Metallbrücke entsprechen.
- gute Haftfestigkeit auf metallischen Trägern (bei Brückenkonstruktionen)
- mechanische Stabilität
- chemische Resistenz

- porenfreie Oberfläche
- Geschmacksneutralität
- Gewebefreundlichkeit, Vermeidung von Plaque-Anlagerung

Zur Modellierung eines Zahns werden mehrere Schichten (Schmelzmasse = transparent, Dentinmasse = trübe, Einlegemasse = harter Kern) übereinander geschichtet und anschließend gebrannt. Dies dient dazu, den optischen Eindruck eines natürlichen Zahnes zu erzeugen.

*Calciumphosphate*

Die anorganische Komponente der Hartgewebe (Knochen und Zähne) von Säugetieren besteht aus Calciumphosphat (in der Hauptsache aus Hydroxylapatit; siehe Kapitel 12 zur Biomineralisation von Calciumphosphat). Die umfassende Präsenz von Calciumphosphaten im Körper ist der Grund dafür, dass viele Biomaterialien mit hoher Biokompatibilität auf diesen Materialien beruhen. Calciumphosphate werden als Knochenersatz verwendet, und Titan-Implantate zum Zahn- oder Hüftgelenkersatz werden mit Calciumphosphaten beschichtet, um das Anwachsen von Knochen und damit die mechanische Stabilität zu erhöhen.

Durch formale Kombination von Calcium und Phosphat und ggf. noch Wasser entsteht eine Reihe unterschiedlicher Calciumphosphate. Zu bedenken ist auch das Protolysegleichgewicht der Phosphorsäure, das von der Orthophosphorsäure $H_3PO_4$ über Dihydrogenphosphat $H_2PO_4^-$ und Hydrogenphosphat $HPO_4^{2-}$ zum Orthophosphat $PO_4^{3-}$ geht. Alle diese Ionen können durch elektrostatische Bindung mit $Ca^{2+}$ zusammentreten und entsprechende Salze bilden. Daraus resultiert die Vielzahl bekannter Calciumphosphat-Phasen, die fast alle auch in der Biomedizin eingesetzt werden. In einigen wenigen Fällen sind auch Pyrophosphate des Typs $Ca_2P_2O_7$ von Interesse. Alle Calciumphosphate sind im reinen Zustand weiße Festkörper, wobei die natürlich vorkommenden Calciumphosphate häufig durch den Einbau von Übergangsmetallionen gefärbt sind. Die meisten Calciumphosphate sind nur wenig löslich in neutralem Wasser, alle sind aber säurelöslich.

Zur schnelleren Benennung der Calciumphosphate wurden Abkürzungen eingeführt. Die entscheidenden Parameter sind das molare Ca/P-Verhältnis und die Löslichkeit in Wasser. In Tabelle 8 sind die wichtigsten Eigenschaften der bekannten Calciumphosphat-Phasen aufgeführt. Für die stöchiometrisch zusammengesetzten Phasen werden Ca/P-Verhältnisse von 0.5 bis 2.0 gefunden. Allgemein gilt, dass ein kleineres Ca/P-Verhältnis zu einem Calciumphosphat mit höherer Wasserlöslichkeit führt. Eine kurze Beschreibung dieser Calciumphosphat-Phasen wird nachstehend gegeben. In Tabelle 9 finden sich die kristallographischen Daten.

Tabelle 8: Eigenschaften der biologisch relevanten Calciumorthophosphate. Die Löslichkeit ist angegeben als Logarithmus des Ionenprodukts für die angegebene Formel (ohne Hydratwasser) mit Konzentrationen in mol l$^{-1}$.

| molares Ca/P-Verhältnis | Verbindung | Formel | Löslichkeit bei 25 °C, -log($K_{sp}$) |
|---|---|---|---|
| 0.5 | Monocalciumphosphat-Monohydrat (MCPM) | $Ca(H_2PO_4)_2 \cdot H_2O$ | 1.14 |
| 0.5 | Monocalciumphosphat-Anhydrat (MCPA) | $Ca(H_2PO_4)_2$ | 1.14 |
| 1.0 | Dicalciumphosphat-Dihydrat (DCPD, Brushit) | $CaHPO_4 \cdot 2\ H_2O$ | 6.59 |
| 1.0 | Dicalciumphosphat-Anhydrat (DCPA, Monetit) | $CaHPO_4$ | 6.90 |
| 1.33 | Octacalciumphosphat (OCP) | $Ca_8(HPO_4)_2(PO_4)_4 \cdot 5\ H_2O$ | 96.6 |
| 1.5 | α-Tricalciumphosphat (α-TCP) | α-$Ca_3(PO_4)_2$ | 25.5 |
| 1.5 | β-Tricalciumphosphat (β-TCP) | β-$Ca_3(PO_4)_2$ | 28.9 |
| 1.2-2.5 | Amorphes Calciumphosphat (ACP) | $Ca_x(PO_4)_y \cdot n\ H_2O$ | ca. 25..33 |
| 1.5-1.67 | Calcium-defizitärer Hydroxylapatit (CDHA) | $Ca_{10-x}(HPO_4)_x(PO_4)_{6-x}(OH)_{2-x}$ (0<$x$<1) | ca. 85 |
| 1.67 | Hydroxylapatit (HA oder HAP) | $Ca_{10}(PO_4)_6(OH)_2$ | 116.8 |
| 2.0 | Tetracalciumphosphat (TTCP) | $Ca_4(PO_4)_2O$ | 38-44 |

MCPM (Monocalciumphosphat-Monohydrat, $Ca(H_2PO_4)_2 \cdot H_2O$) ist das am stärksten saure und am besten wasserlösliche Calciumphosphat. Man kann es aus stark sauren Lösungen fällen. Oberhalb 100 °C wandelt es sich unter Wasserabgabe in MCPA um. Aufgrund seiner vergleichsweise hohen Acidität und Löslichkeit wird MCPM nicht in biologischen Hartgeweben beobachtet. Es wird in der Medizin als Komponente von einigen Calciumphosphat-Zementen eingesetzt.

MCPA (Monocalciumphosphat-Anhydrat, $Ca(H_2PO_4)_2$) ist die wasserfreie Form von MCPM. Es kristallisiert oberhalb 100 °C unter den gleichen Bedingungen wie MCPM aus wäßriger Lösung. Ebenso wie MCPM kommt es nicht in biologischer Form vor. Es gibt derzeit keine Anwendung in der Medizin.

DCPD (Dicalciumphosphat-Dihydrat, $CaHPO_4 \cdot 2\ H_2O$; das Mineral Brushit) kann leicht aus wäßriger Lösung kristallisiert werden. Oberhalb 80 °C gibt es das Kristallwasser ab und wandelt sich zu DCPA um. Biologisch ist DCPD von Bedeutung in pathologischen Verkalkungen (Zahnstein, Chondrocalcinose und Blasensteine). Weiterhin wurde es als intermediäre Phase in der Knochenbildung und bei der Auflösung von Zahnschmelz durch Karies postuliert. In der Medizin wird DCPD in Calciumphosphat-Zementen verwendet.

Tabelle 9: Kristallographische Daten der Calciumorthophosphate.

| Verbindung | Raumgruppe | Elementarzellenparameter | Dichte / g cm⁻³ |
|---|---|---|---|
| MCPM | triklin $P\overline{1}$ | $a$=5.6261(5) Å, $b$=11.889(2) Å, $c$=6.4731(8) Å, $\alpha$=98.633(6)°, $\beta$=118.262(6)°, $\gamma$=83.344(6)° | 2.23 |
| MCPA | triklin $P\overline{1}$ | $a$=7.5577(5) Å, $b$=8.2531(6) Å, $c$=5.5504(3) Å, $\alpha$=109.87(1)°, $\beta$=93.68(1)°, $\gamma$=109.15(1)° | 2.58 |
| DCPD | monoklin $Ia$ | $a$=5.812(2) Å, $b$=15.180(3) Å, $c$=6.239(2) Å, $\beta$=116.42(3)° | 2.32 |
| DCPA | triklin $P\overline{1}$ | $a$=6.910(1) Å, $b$=6.627(2) Å, $c$=6.998(2) Å, $\alpha$=96.34(2)°, $\beta$=103.82(2)°, $\gamma$=88.33(2)° | 2.89 |
| OCP | triklin $P\overline{1}$ | $a$=19.692(4) Å, $b$=9.523(2) Å, $c$=6.835(2) Å, $\alpha$=90.15(2)°, $\beta$=92.54(2)°, $\gamma$=108.65(1)° | 2.61 |
| α-TCP | monoklin $P2_1/a$ | $a$=12.887(2) Å, $b$=27.280(4) Å, $c$=15.219(2) Å, $\beta$=126.20(1)° | 2.86 |
| β-TCP | rhomboedrisch $R3cH$ | $a$=$b$=10.439(1) Å, $c$=37.375(6) Å, $\gamma$=120° | 3.07 |
| HA (auch HAP) | monoklin $P2_1/b$ oder hexagonal $P6_3/m$ | $a$=9.84214(8) Å, $b$=2$a$ Å, $c$=6.8814(7) Å, $\gamma$=120° (monoklin) bzw. $a$=$b$=9.4302(5) Å, $c$=6.8911(2) Å, $\gamma$=120° (hexagonal) | 3.16 |
| TTCP | monoklin $P2_1$ | $a$=7.023(1) Å, $b$=11.986(4) Å, $c$=9.473(2) Å, $\beta$=90.90(1)° | 3.05 |

DCPA (Dicalciumphosphat-Anhydrat, $CaHPO_4$; das Mineral Monetit) ist die wasserfreie Form von DCPD. DCPA kann oberhalb 100 °C aus wäßriger Lösung kristallisiert werden oder aus DCPD durch Erhitzen hergestellt werden. DCPA kommt weder in normalen noch in pathologischen Verkalkungen vor. Verwendung findet es in medizinischen Calciumphosphat-Zementen.

OCP (Octacalciumphosphat, $Ca_8(HPO_4)_2(PO_4)_4\cdot 5\ H_2O$) tritt häufig als metastabile Zwischenphase bei der Ausfällung von apatitischen Calciumphosphaten (HA, CDHA) aus wäßriger Lösung auf. Strukturell besteht es aus Apatit-ähnlichen Schichten, die durch hydratisierte Schichten getrennt sind. Es tritt in Zahnstein und Blasensteinen auf. Weiterhin ist es vermutlich wichtig als Zwischenprodukt während der Bildung von Biomineralien *in vivo*. Ein „zentraler OCP-Einschluss" (*central dark line*) wurde mittels Transmissionselektronenmikroskopie in vielen biologischen und einigen synthetischen Apatiten nachgewiesen (siehe Kapitel 12).

β-TCP (β-Tricalciumphosphat) ist das „echte Calciumorthophosphat" mit der stöchiometrischen Zusammensetzung $Ca_3(PO_4)_2$. Es kann nicht aus wäßriger Lösung gefällt werden, sondern nur durch Calcinieren oberhalb 800 °C hergestellt werden (z.B. aus CDHA, siehe unten):

$$Ca_9(HPO_4)(PO_4)_5OH \rightarrow 3\ Ca_3(PO_4)_2 + H_2O$$

Oberhalb 1125 °C wandelt es sich in die Hochtemperaturphase $\alpha$-TCP um. Die Phasenumwandlungstemperatur wird stark von Verunreinigungen beeinflusst; daher findet man unterschiedliche Werte in der Literatur. Da es sich um die stabilere Phase bei Raumtemperatur handelt, hat $\beta$-TCP eine kleinere Löslichkeit als $\alpha$-TCP (Tab. 8). Die Magnesium-haltige Form von $\beta$-TCP (das Mineral Whitlockit) mit der Formel $\beta$-$(Ca,Mg)_3(PO_4)_2$ wurde in Zahnstein und Blasensteinen, Speicheldrüsensteinen, Kariesbildungen, arthritischem Knorpel und einigen Verkalkungen im Weichgewebe nachgewiesen. In der Medizin findet $\beta$-TCP in reiner Form und als inniges Gemisch mit HA (sogenanntes „biphasisches Calciumphosphat"; BCP) als Knochenersatzmaterial Verwendung.

$\alpha$-TCP ($\alpha$-Tricalciumphosphat, $\alpha$-$Ca_3(PO_4)_2$) wird aus $\beta$-TCP durch Erhitzen auf mehr als 1125 °C hergestellt. Als bei Raumtemperatur metastabile Hochtemperaturphase ist es reaktiver als $\beta$-TCP und kann zu einem Gemisch von anderen Calciumphosphaten hydrolysiert werden. Es kommt nie in biologischen Verkalkungen vor und findet in der Medizin lediglich Verwendung in Calciumphosphat-Zementen.

ACP (Amorphes Calciumphosphat) findet man häufig als erstes Produkt bei der Fällung von Calciumphosphaten aus wäßriger Lösung. Seine chemische Zusammensetzung hängt stark von den Fällungsbedingungen (pH, Calcium- und Phosphat-Konzentrationen) ab. So wurden ACP-Phasen mit Ca/P-Verhältnissen von 1.18 (Fällung bei pH 6.6), 1.53 (Fällung bei pH 11.7) bis hin zu 2.5 beschrieben. Infrarot-Spektren von ACP zeigen breite Phosphat-Banden, im Röntgendiffraktogramm ist es amorph. Elektronenmikroskopische Untersuchungen ergeben gewöhnlich annähernd runde Partikel mit Durchmessern von 20-200 nm (ähnlich Abb. 12). Biologisch findet man ACP (oft mit den Fremdionen Magnesium, Carbonat und Pyrophosphat) in pathologischen Verkalkungen in Weichgeweben (z.B. Verkalkungen von Herzklappen). In der Medizin wird ACP gelegentlich in Calciumphosphat-Zementen verwendet.

HA oder HAP (Hydroxylapatit, $Ca_{10}(PO_4)_6(OH)_2$) ist das stabilste und somit am wenigsten lösliche Calciumphosphat. Chemisch reiner Hydroxylapatit kristallisiert monoklin, wandelt sich allerdings bei 250 °C nach hexagonal um. Fremdionen im Kristallgitter (z.B. Fluorid oder Chlorid statt Hydroxid) stabilisieren die hexagonale Struktur auch bei Raumtemperatur. Aus diesem Grund weisen die (geologisch selten vorkommenden) Apatit-Einkristalle stets eine hexagonale Symmetrie auf.

Die Herstellung von reinem Hydroxylapatit gelingt durch Umsetzung von stöchiometrischen Calcium- und Phosphat-Salzlösungen oberhalb pH 9, gefolgt von mehrtägigem Kochen in $CO_2$-freier Atmosphäre. Mikrokristalliner Hydroxylapatit kann auch durch Festkörperreaktion von geeigneten Calciumphosphaten (z.B. MCPM, DCPA, DCPD, OCP) mit CaO, $Ca(OH)_2$ oder $CaCO_3$ hergestellt werden (>1200 °C, äquimolare Atmosphäre von Wasserdampf und Stickstoff). Einkristalle erhält man durch Hydrothermalsynthese. Eine wasserfreie Synthese ist in Ethanol ausgehend von $Ca(OCH_2CH_3)_2$ und $H_3PO_4$ möglich.

Hydroxylapatit ist ein Beispiel für einen Festkörper, der zur Nichtstöchiometrie neigt, d.h. von der exakten oben angegebenen Formel abweicht. Dies liegt zum einen an der Möglichkeit, Hydrogenphosphat $HPO_4{}^{2-}$ ins Gitter einzubauen und damit formal Calcium-Kationen zu ersetzen. Zum anderen ist die Struktur auf allen Ionenplätzen (Calcium, Phosphat, Hydroxid) so flexibel, dass leicht kleinere oder größere Mengen anderer Ionen eingebaut werden können. Dies umfasst beispielsweise Na, K, Mg und Sr für Ca, Carbonat für Phosphat, sowie Fluorid, Chlorid und Carbonat für Hydroxid. Die Substitution kann von Bruchteilen eines Prozents bis zu 100 % reichen. So sind stöchiometrischer Fluorapatit $Ca_5(PO_4)_3F$ (FAP) und Chlorapatit $Ca_5(PO_4)_3Cl$ (ClAP) bekannt. Die „biologischen Apatite" in Knochen und Zähnen sind immer nichtstöchiometrisch aufgebaut. Allerdings bewegen sich die Substitutionsgrade im unteren Prozentbereich, so dass man diese Biomineralien immer noch als Hydroxylapatit beschreiben kann. Üblicherweise enthalten biologische Apatite einige % an Carbonat, so dass man auch von Carbonatapatiten spricht.

Die chemische und strukturelle Ähnlichkeit zum biologischen Hartgewebe begründet die vielfache Anwendung von Hydroxylapatit in der Biomedizin als Knochenersatzmaterial und als biokompatible Beschichtung auf metallischen Implantaten. Aufgrund der großen Ähnlichkeit mit dem Knochenmineral wird Hydroxylapatit auch als stationäre Phase in der Flüssigkeitschromatographie zur Trennung von Proteinen und anderen Biomolekülen eingesetzt.

CDHA (Calcium-defizitärer Hydroxylapatit, $Ca_{5-x}(HPO_4)_{2x}PO_4)_{3-2x}OH$) ist die Phase, die beim normalen Fällen von Calciumphosphat im neutralen oder basischen Milieu entsteht. CDHA enthält Hydrogenphosphat-Ionen, so dass das molare Calcium/Phosphor-Verhältnis kleiner als 1.67 ist. Beim Erhitzen auf mehr als 700 °C wandelt sich CDHA in β-TCP (Ca/P = 1.5) oder eine Mischung aus β-TCP und HA (1.5<Ca/P<1.67; BCP) um, je nach Stöchiometrie des Niederschlages.

TTCP (Tetracalciumphosphat, $Ca_4(PO_4)_2O$) ist das basischste Calciumphosphat. Es kann nicht aus Wasser gefällt, sondern nur durch Festkörperreaktion oberhalb 1300 °C hergestellt werden, z.B. aus äquimolaren Mengen von DCPA und $CaCO_3$ in trockener Luft oder Stickstoff:

$$2\ CaHPO_4 + 2\ CaCO_3 \rightarrow Ca_4(PO_4)_2O + 2\ CO_2 + H_2O$$

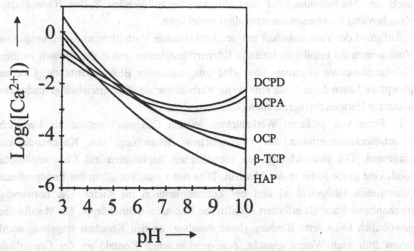

Abbildung 31: Löslichkeit von Calciumphosphat-Phasen als Funktion des pH-Wertes.

TTCP ist in Gegenwart in Wasser instabil: Es tritt langsame Hydrolyse zu Hydroxylapatit und Calciumhydroxid ein. Aus diesem Grund kommt es nicht in biologischen Verkalkungen vor. In der Medizin wird TTCP vor allem zur Herstellung von Calciumphosphat-Zementen für den Knochenersatz verwendet.

Die Löslichkeit von Calciumphosphaten ist generell abhängig vom pH-Wert. Die grundlegenden Messungen und Berechnungen von Nancollas et al. ergaben das Diagramm in Abbildung 31, das sich vielfach in der Literatur wiederfindet. Aufgetragen ist der Logarithmus der Gesamt-Calciumionenkonzentration in Lösung gegen den pH-Wert bei 25 °C, equimolarem Ca-$PO_4$-Verhältnis und einer Ionenstärke von 0.1 mol L$^{-1}$. Anhand der Löslichkeitsprodukte (Tab. 8) läßt sich die Löslichkeit nur schwer vergleichen, da die einzelnen Calciumphosphat-Phasen unterschiedliche Stöchiometrie aufweisen. Zu berücksichtigen ist auch, dass in das Löslichkeitsprodukt die Konzentration von Phosphat, $PO_4^{3-}$, eingeht. Diese ist aufgrund des Gleichgewichts mit Hydrogenphosphat, $HPO_4^{2-}$, und Dihydrogenphosphat, $H_2PO_4^-$, stets kleiner als die Gesamt-Phosphatkonzentration.

Durch Absenkung des pH-Wertes kann man Calciumphosphate auflösen. Dies ist auch der Mechanismus, mit dem die knochenauflösenden Zellen (Osteoklasten) Knochen und Knochenersatzmaterialien resorbieren.

Aufgrund der Verwandschaft mit den biologischen Vorbildern und dem ubiquitären Vorkommen der beteiligten Ionen in Körperflüssigkeiten und in der Umwelt verfügen Calciumphosphate allgemein über eine ausgezeichnete Biokompatibilität. Calciumphosphate haben daher heute eine weite Verbreitung als Biomaterialien gefunden, vor allem zur Hartgeweberegeneration (Knochen, Zähne).

In Form von größeren Werkstücken werden Calciumphosphate als künstliche Knochenersatzmaterialien zur chirurgischen Behandlung von Knochendefekten eingesetzt. Die Beschichtung von metallischen Implantaten mit Calciumphosphat spielt eine große Rolle in der Medizin. Dies nutzt man vor allem bei Endoprothesen (künstlichen Hüftgelenken) und bei Zahnimplantaten im Kiefer. Die notwendige mechanische Stabilität erfordert metallische Implantat-Grundkörper. Da Metalle aber gewöhnlich keine feste Bindung (*bone bonding*) an den Knochen eingehen, wurde schon früh nach Wegen gesucht, den mechanischen Kontakt an der Grenzfläche Implantat-Knochen zu verbessern. Neben einer Erhöhung der Oberflächenrauhigkeit hat die Beschichtung mit Calciumphosphaten gezeigt, dass Knochen gut an die Calciumphosphat-Deckschicht anwächst, so dass diese wie eine „Klebschicht" zwischen Metall und Knochen wirkt.

Der Zugang zu Calciumphosphaten ist sowohl synthetisch möglich (Fällungsverfahren, Sinterverfahren) als auch durch die Nutzung biologischer Quellen (im Allgemeinen durch thermische Behandlung von tierischem Knochenmaterial). Ein halbsynthetisches Verfahren ist die Umwandlung von Calciumcarbonat in Calciumphosphat durch Behandlung mit Ammoniumphosphat (siehe Kapitel 8 zu Knochenersatzmaterialien).

*Biogläser*

Eine besondere Klasse anorganischer nichtmetallischer Werkstoffe sind die Biogläser, die erstmals von Hench in 1969 vorgestellt wurden. Hier handelt es sich um hochvernetzte röntgenamorphe Werkstoffe, ähnlich dem „normalen" Borosilikat-Glas (z.B. Fensterglas), das aus verknüpften $SiO_4$- und $BO_4$-Tetraedern aufgebaut ist. Zur Ladungskompensation sind dabei noch Alkali- oder Erdalkalimetallionen eingebaut ($BO_4$-Tetraeder sind formal einfach negativ geladen). Die biologische Potenz von Biogläsern resultiert aus der Einbindung von Calcium und Phosphat in die Glasstruktur, wobei Phosphat als Netzwerkbildner entsprechend dem Silicium fungiert. Ein typisches Bioglas enthält 40-50 % $SiO_2$ (Netzwerkbildner), 10-15 %

$P_2O_5$ (Netzwerkbildner), 30-35 % CaO, 5-10 % $Na_2O$, 0.5-3.0 % $K_2O$ und 2.5-5.0 % MgO. Es sind eine Vielzahl von Kombinationen realisierbar, die sich in Resorbierbarkeit und Biokompatibilität (Anwachsen von Knochen, *bone bonding*) unterscheiden. Bei hohem $SiO_2$-Gehalt sind die Biogläser kaum biodegradierbar, bei hohen Calcium- und Phosphat-Gehalten steigt die Biodegradierbarkeit. Der weithin akzeptierte Mechanismus des Knochenanwachsens bei Calciumphosphat-reichen Biogläsern umfasst die Abscheidung von Apatit aus dem umgebenden Serum (Keimbildung an der Glasoberfläche durch chemische Ähnlichkeit), gefolgt von der Ansiedlung von Osteoblasten und der biologischen Mineralisation.

# 7 Herstellungsverfahren für Biomaterialien

Neben der rein stofflichen Zusammensetzung, wie sie im vorhergehenden Kapitel beschrieben wurde, ist für den Einsatz von Biomaterialien natürlich die Geometrie entscheidend. Zunächst einmal geht es um die makroskopische Geometrie (Schraube, Stift, Platte, ...), zum anderen aber auch um die mikroskopische Geometrie der Oberfläche, die für die Wechselwirkung mit dem umgebenden Gewebe von wesentlicher Bedeutung ist. Die wichtigsten Verarbeitungsverfahren werden im folgenden beschrieben.

## Sinterverfahren

Schmelzbare Werkstoffe (Metalle, Polymere) lassen sich nach dem Aufschmelzen in Formen gießen. Sofern dieses nicht möglich ist (z.B. durch zu hohe Schmelzpunkt wie bei vielen Keramiken oder durch Zersetzung), kann man auf Sinterverfahren ausweichen, die meist bei Keramiken zum Einsatz kommen. Als Sintern bezeichnet man das mikroskopische Zusammenschmelzen der einzelnen Werkstoffkörner, das bei Oxiden typischerweise bei 70-90 % der absoluten Schmelztemperatur (in K) eintritt. Eine typische Sintertemperatur für $\alpha$-$Al_2O_3$ mit einer Schmelztemperatur von 2045 °C ist 1500 °C. Ein Werkstück („Grünkörper") mit der äußeren Geometrie des herzustellenden Werkstücks wird mit entsprechenden Press- oder Gießverfahren gefertigt und anschließend der thermischen Behandlung unterworfen.

Sintern kann drucklos oder unter äußerem Druck erfolgen. Im Allgemeinen tritt durch das Sintern eine Verdichtung ein, d.h. die effektive Dichte eines Werkstücks nimmt zu. Ebenso erhöht sich die mittlere Korngröße und damit meist die Kristallinität. Die mechanische Stabilität steigt durch engere Verbindung der Körner. Zur Herabsetzung der Sintertemperatur und zur Verbesserung der Interaktion zwischen den Körnern im Grünkörper werden oft Sinteradditive (z.B. Polymere) zugegeben.

Durch die eintretende Verdichtung beim Sintervorgang nimmt das Volumen eines Werkstücks um einige Prozent ab, d.h. es schrumpft. Zur präzisen endkonturnahen Fertigung von Werkstücken ist es daher erforderlich, sowohl die Herstellung des Grünkörpers als auch den Sintervorgang präzise zu kontrollieren. Insbesondere bei Keramiken sind die chemische Reinheit der verwendeten Pulver und die Staubfreiheit der Umgebung oft wichtig, da Einschlüsse von Fremdkörpern zur Herabsetzung der mechanischen Eigenschaften des Produktes führen können (Ansatzpunkt für Mikrorisse).

Die Palette der Verfahren zur Herstellung von Grünkörpern ist breit. Exemplarisch seien hier Pressverfahren (Verdichtung von Pulvern unter Druck; s.u.), Schlickergussverfahren (Gießen von in Lösungsmitteln dispergierten Pulvern in Formen) und *metal injection moulding* (MIM; Einspritzen von Metallpulvern mit Fließmitteln in Formen) genannt.

## Pressverfahren

Pressverfahren werden oft zur Herstellung von keramischen Grünkörpern und zur Verarbeitung von Polymeren eingesetzt. Im einfachsten Fall verwendet man eine ungeheizte uniaxiale Presse (Druck nur von oben oder von unten) mit planparallelen Stempeln, in die man eine geeignete Pressform einbringt. Nachteilig ist hier die Tatsache, dass meist nur planparallele Werkstücke herstellbar sind, d.h. letztlich ist nur eine Kontrolle über zwei Dimensionen möglich; die dritte Dimension (Höhe) ist nur in der Dicke einstellbar. Die Dicke der herstellbaren Werkstücke ist durch die mechanische Druckableitung in Pulverschüttungen begrenzt. Sofern es sich nicht um sehr weiche Festkörper wie Polymere oder manche Salze (z.B. KBr) handelt, führt das

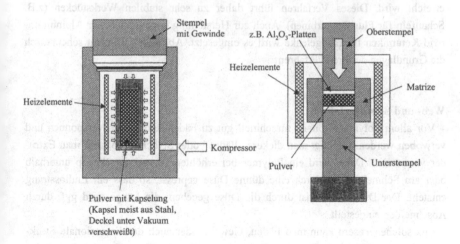

Abbildung 32: Schematische Darstellungen des heiß-isostatischen Pressens (HIP) und des uniaxialen Heißpressens (HP) (M. Bram).

71

Kaltpressen nur zu einer höheren Verdichtung und u.U. zu einer mechanischen Verzahnung der Partikel. Mechanisch stabile Werkstücke sind damit ansonsten nicht herstellbar.

Eine Erhöhung der Stabilität des Presskörpers kann man erreichen, indem man die mechanische Druckableitung verbessert und indem man die Wechselwirkung der Partikel (gegenseitige Anhaftung) durch Temperaturerhöhung (führt zum Schmelzen oder Sintern) erhöht (meist eingesetzt für Keramiken und Metalle).

Eine Druckeinleitung von zwei Seiten läßt sich in biaxialen Pressen realisieren. Dabei wird der Druck von oben und von unten eingeleitet. Die immer noch gegebene Limitierung der äußeren Geometrie wird durch das isostatische Pressen überwunden, das sowohl bei Raumtemperatur (kalt-isostatisches Pressen; KIP) als auch bei erhöhter Temperatur (heiß-isostatisches Pressen; HIP) ausgeführt werden kann. Bei beiden Methoden wird ein Pulver oder ein Grünkörper in eine elastische Form eingebracht (KIP: z.B. Gummischlauch, Kautschukform; HIP: z.B. Metallhülse) und dann in einem geeigneten Medium (KIP: z.B. Öl-Wasser-Emulsion; HIP: Gas) einem äußeren Druck von meist mehreren 1000 atm ausgesetzt. Dieser Druck wirkt von allen Seiten auf das Werkstück („isostatisch"), so dass eine gleichmäßige Verdichtung erzielt wird. HIP-Anlagen erreichen Temperaturen von ca. 1500 °C. Beim heiß-isostatischen Pressen wirken hoher Druck und hohe Temperatur zusammen, so dass eine interne Sinterung erreicht wird. Dieses Verfahren führt daher zu sehr stabilen Werkstücken (z.B. Schaufeln für Flugzeugturbinen). Auch zur Herstellung hochverdichteter Aluminium-oxid-Keramiken für Hüftgelenke wird es eingesetzt. Abbildung 32 zeigt schematisch die Grundlagen der Pressverfahren.

**Web- und Spinnverfahren**

Vor allem Polymere können maschinell gut zu Fäden und Fasern versponnen und verwoben werden. Benötigt man dickere „Fäden" oder Stäbchen, so kann man Extruder verwenden. Dabei wird ein Polymer bei erhöhter Temperatur (knapp unterhalb oder am Schmelzpunkt) durch eine dünne Düse gepresst, so dass ein Endlosstrang entsteht. Der Durchmesser ist durch die Düse gegeben; die Länge wird ggf. durch Abschneiden eingestellt.

Aus solchen Fasern kann man Fäden, Gewebe oder auch dreidimensionale Strukturen fertigen. Ein eindrucksvolles Beispiel sind Osteosyntheseschrauben aus Polyglycolid, die in einem komplexen Prozess gefertigt werden, um eine hohe Stabilität zu erreichen (Abb. 30).

Abbildung 33: Anlage zum atmosphärischen Plasmaspritzen (APS) im Detail (oben) und in der Gesamtansicht (unten). 1 Pulverzuführung; 2 Plasmabrenner; 3 Düsen zum gezielten Kühlen des Substrats mit Pressluft; 4 Substrat; 5 Absaugeinrichtung für Pulver (M. Bram).

## Spritzguss

Insbesondere unzersetzt schmelzbare Polymere kann man aus Extrudern direkt in Formen spritzen, so dass man preisgünstig hohe Stückzahlen erzielen kann. Die mechanische Festigkeit ist gegenüber gepressten oder gewobenen Werkstücken begrenzt.

## Beschichtungsverfahren

Da der Kontakt zwischen Implantat und Gewebe an der Oberfläche vorliegt, ist es von hohem Interesse, die Biokompatibilität zu verbessern, indem dünne Schichten aufgebracht werden, die die grundlegenden Materialeigenschaften wie Härte und Elastizität nicht verändern, aber die Gewebeinteraktion vorteilhaft beeinflussen.

### Plasmaspray-Verfahren

Ein mittlerweile „klassisches" Verfahren ist die Plasmaspray-Beschichtung von Metallen, die insbesondere bei Hüft-Endprothesen und bei Zahnimplantaten angewendet wird. In diesen Fällen wird festes Calciumphosphat-Pulver in eine Plasmaflamme bei mehreren 1000 °C eingespritzt und gegen ein ggf. rotierendes Werkstück geschleudert. Das Calciumphosphat schmilzt auf und trifft als Folge flüssiger Tröpfchen auf die Oberfläche. Bei diesem sehr schnellen Abschrecken tritt eine innige Verzahnung mit der Metalloberfläche und zwischen den erstarrten Tröpfchen auf, so dass eine gut anhaftende poröse Schicht entsteht. Durch das schnelle Abschrecken findet die Kristallisation nicht unter thermodynamischen Gleichgewichtsbedingungen statt, d.h. bei Calciumphosphaten kann ein Gemisch unterschiedlicher Phasen entstehen. Abbildung 34 zeigt ein Bild einer durch Plasmaspray-Verfahren beschichteten Titanoberfläche. Naturgemäß können nur äußere Oberflächen beschichtet werden.

Der apparative Aufwand ist beträchtlich. Abbildung 33 zeigt eine Plasmaspray-Anlage, die unter normaler Luftatmosphäre arbeitet (APS = *atmospheric plasma spray*). Es gibt auch unter Vakuum arbeitende Anlagen (VPS = *vacuum plasma spray*), bei denen der Einfluss der Luft (z.B. Oxidation von Metallen, Poren durch Lufteinschlüsse) ausgeschaltet wird.

### Chemische Tauchverfahren

Bei entsprechender Affinität einer Oberfläche zu einem abzuscheidenden Stoff ist eine Beschichtung durch Tauchen in eine übersättigte Lösung möglich. Insbesondere für die Beschichtung von Metallen mit Calciumphosphaten ist dies von Interesse, da sich die chemische Natur der Oberfläche und ihre Morphologie bei diesen milderen Bedingungen besser kontrollieren lassen. Weiterhin sind das Einbringen von bioaktiven Wirkstoffen (z.B. Proteine, Antibiotika) in die Deckschicht und die Beschichtung innerer Oberflächen (poröse Werkstücke) möglich.

Im Allgemeinen muss eine metallische Oberfläche vor einem Tauchverfahren vorbehandelt werden. Nach einer Vorreinigung mit organischen Lösungsmitteln (z.B.

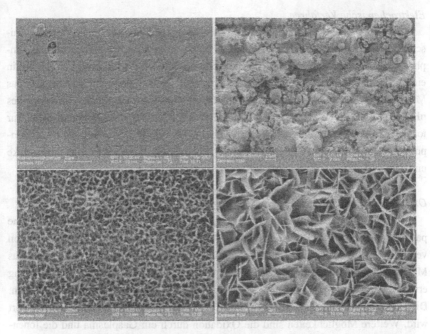

Abbildung 34: Rasterelektronenmikroskopische Aufnahmen einer reinen Titan-Oberfläche (oben links), eines durch Plasmaspray-Verfahren mit Calciumphosphat beschichteten Titanblechs (oben rechts), einer mit KOH/H$_2$O$_2$ geätzten Titan-Oberfläche (unten links) und einer durch Tauchen mit Calciumphosphat beschichteten Titan-Oberfläche (unten rechts).

Ethanol, Ether, Dichlormethan) wird meist ein Ätzverfahren mit Säuren, Laugen und/oder Wasserstoffperoxid durchgeführt, um die Oberfläche entsprechend zu aktivieren, d.h. in der Regel mit einer mehr oder minder rauhen Oxidschicht zu versehen. Nach dieser Aktivierung werden die Implantate in übersättigte Lösungen getaucht (z.B. von Calciumphosphaten). Ein Spezialfall ist die Abscheidung von biomimetischen Defektapatiten durch Tauchen in sogenanntes *simulated body fluid* (SBF), d.h. in eine übersättigte Lösung, die die anorganischen Ionen des menschlichen Blutplasmas in nahezu natürlicher Konzentration enthält. Ganz analog verläuft die Beschichtung mit synthetischen oder natürlichen Proteinen (z.B. Kollagen).

Abbildung 34 zeigt eine metallische Titanoberfläche, eine alkalisch geätzte Oberfläche und zwei mit Calciumphosphat beschichtete Oberflächen.

## Elektrochemische Verfahren

Insbesondere zur Calciumphosphat-Beschichtung bedient man sich elektrochemischer Verfahren. Dabei macht man sich zu Nutze, dass die Löslichkeit von Calciumphosphaten mit zunehmenden pH-Wert abnimmt (Abb. 31). Man bringt ein Metall in eine Calciumphosphat-Lösung und legt eine elektrische Spannung so an, dass das Metall als Kathode wirkt (d.h. Elektronen abgibt). Dies führt zur lokalen Erhöhung des pH-Werts über die Wasserelektrolyse ($2 H_2O + 2 e^- \rightarrow H_2 + 2 OH^-$) und damit zur lokalen Abscheidung von Calciumphosphat. Die Natur der gebildeten Calciumphosphatschicht wird naturgemäß von den elektrischen Parametern wie Stromstärke und angelegter Spannung beeinflusst.

## Oxidationsverfahren

Viele an sich unedle Metalle (z.B. Magnesium, Aluminium, Titan) weisen eine passivierende Oxidschicht auf (z.B. $MgO$, $Al_2O_3$, $TiO_2$), die eine chemische Korrosion verhindert. Eine solche Nanometer-dicke Schicht bildet sich spontan, wenn man das Metall der Luft oder dem Wasser aussetzt. Wenn eine weitergehende Passivierung erwünscht ist, kann man auf chemischem Wege eine dickere Oxidschicht erzeugen. Dies kann elektrochemisch erfolgen, indem das Metall kontrolliert anodisch oxidiert wird. Weitere Möglichkeiten sind die Oxidation durch ein Gasplasma und die Ionenimplantation (Beschuss der Oberfläche mit z.B. Stickstoff-Atomen). Die oft zu beobachtende Blaufärbung von an sich metallisch-silbernem Titan oder NiTi ist auf solche Oxidschichten zurückzuführen. Entsprechend kann man auch durch Oxidation mit Stickstoff passivierende Nitridschichten (z.B. $TiN_x$) erzeugen. Dies geht aus chemischen Gründen allerdings nur bei Übergangsmetallen.

## Chemische Dampfabscheidung

Ein modernes Verfahren zur Oberflächenmodifikation ist die chemische Dampfabscheidung (*chemical vapour deposition*; CVD). Dabei werden flüchtige chemische Verbindungen in die Gasphase gebracht und auf der gewünschten Oberfläche meist thermisch zersetzt. Der Trick ist dabei, das Beschichtungsmaterial in eine flüchtige Form zu bringen, die sich dann bei moderaten Temperaturen und ohne Rückstände als Film an einer Oberfläche zersetzt. Neben der genauen Einstellung der Chemie der flüchtigen Vorstufenverbindungen (*precursor*) spielen die Einstellung der Abscheidebedingungen (Temperatur, Druck, Stoffflüsse) und die Affinität der Oberfläche zum Beschichtungsmaterial eine Rolle. Mit dieser Methode werden z.B. dünne Polymer- und Diamantschichten auf Implantaten erzeugt.

*Biologische Funktionalisierung von Oberflächen*

Eine Erweiterung der chemischen Beschichtung ist die Funktionalisierung von Oberflächen mit biologisch aktiven Molekülen. Hierbei wird auf einer entsprechend vorbehandelten Oberfläche eine molekular dünne Schicht eines Wirkstoffs durch chemische Verknüpfung angebracht. Es handelt sich dabei in der Regel um echte chemische Bindungen zwischen den Oberflächen und, ggf. mit „Spacern" (Abstandshaltern) versehenen, biologisch aktiven Molekülen. Neuere Beispiele sind die Anbindung von RGD-Peptiden, an die die Integrin-Rezeptoren von Osteoblasten binden können, und die Anbindung von knochenwachstumsfördernden Proteinen (BMPs). In beiden Fällen erhofft man sich eine Beschleunigung der Knochenheilung in der Chirurgie.

# 8 Zwei Fallbeispiele für Biomaterialien

In diesem Kapitel sollen die bisher behandelten Grundlagen an zwei ausgewählten Fallbeispielen illustriert werden.

## Das künstliche Hüftgelenk (Hüftgelenk-Endoprothese)

Bei einem irreparablen Verschleiß des natürlichen Hüftgelenks benötigt ein Patient ein neues Hüftgelenk. Dabei kommen heute hochoptimierte Implantate zum Einsatz, die die vorige Bewegungsfähigkeit nahzezu vollständig wiederherstellen. Deren Implantation ist heutzutage eine Routineoperation, die in Deutschland jährlich etwa 180000mal durchgeführt wird, davon etwa 25000mal zur Revision (Auswechslung). An Knie-Endoprothesen werden in Deutschland mehr als 50000 pro Jahr implantiert. Die zunehmende Lebenserwartung der Bevölkerung führt zu stark zunehmenden Zahlen an Revisionsoperationen, wobei sich das zweite Implantat meist als kurzlebiger als das erste Implantat herausstellt. Jährlich benötigen etwa 0.1 % der Bevölkerung in den entwickelten Ländern ein künstliches Hüftgelenk.

Abbildung 35: Keramik-Gelenkkopf und -pfanne, mit Calciumphosphat beschichtete Endoprothese, unbeschichtete Endoprothese mit Keramik-Gelenkkopf (von links nach rechts).

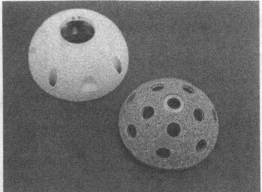

Abbildung 36: Links: Das „klassische Modell" der Endoprothese: Ein metallischer Schaft, ein Stahlgelenkkopf und eine Gelenkpfanne aus Polyethylen. Rechts: Zwei metallische Beckenpfannen mit Calciumphosphat-Beschichtung (oben; weiß) und mit makroskopischer Metall-Strukturierung (unten) zur Verbesserung der Anhaftung an den Knochen.

Das Grundprinzip der Hüftendoprothese ist im wesentlichen seit der Einführung unverändert geblieben. Nach der chirurgischen Entfernung des verschlissenen Hüftgelenks wird ein metallischer Schaft in den Oberschenkel (Femur) eingebracht. Oben an diesem Schaft ist ein Kugelgelenkkopf angebracht, der in einer im Becken befestigten Gelenkpfanne ruht (Abb. 35 bis 37).

Die erste Hüftendoprothese wurde bereits 1938 vorgestellt. Sie wurde „press-fit" implantiert oder genagelt und geschraubt. Da die biomechanischen Grundlagen kaum bekannt waren und die verwendeten Materialien nicht für die biologischen Zwecke optimiert waren, kam es zur Lockerung und zu starkem Abrieb im Gelenk. 1960 wurde der Knochenzement im Femurschaft auf PMMA-Basis durch Charnley eingeführt. Dieser ergab einen besseren Sitz der Prothese und eine bessere Formschlüssigkeit. Ab etwa 1970 wurden unzementierte Endoprothesen mit biokompatibler Beschichtung (z.B. Calciumphosphat) eingeführt, die es erlaubten, auf den Knochenzement zu verzichten. Die Revisionsraten betragen heute etwa 5-10 % nach 10 Jahren, wobei die Versagensrate nach ca. 15 Jahren stark ansteigt.

Ein künstliches Hüftgelenk ist hohen Belastungen ausgesetzt. So beträgt die Belastung allein durch die Muskelspannung im Liegen etwa das 1-fache Körpergewicht und beim Gehen etwa das 3-fache Körpergewicht. Bei stärkerer Belastung (z.B. Springen, Laufen) kann das 6-8-fache Körpergewicht (d.h. ca. 600 kg) wirken. Die typische Schrittfrequenz beträgt etwa 1 Hz bei etwa $10^6$ Schritten pro Jahr. Für eine ausreichende Lebensdauer der Prothese sind somit zu optimieren:

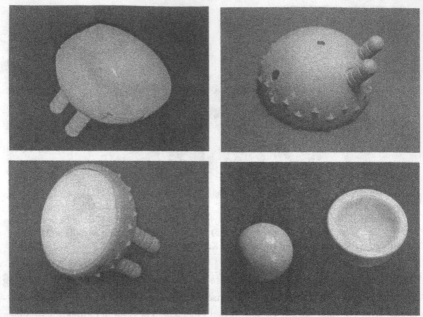

Abbildung 37: Oben links: Beckenpfanne aus Polyethylen, beschichtet mit Hydroxylapatit. Oben rechts: Metallische Beckenpfanne mit strukturierter Oberfläche. Unten links: Metallische Beckenpfanne mit Polyethylen-Einlage. Unten rechts: Keramik-Gelenkkopf und Keramik-Gelenkpfanne.

- eine möglichst geringe Reibung zwischen Gelenkkapsel und -pfanne, verbunden mit geringem Abrieb
- ein guter mechanischer Kontakt zwischen Prothesenschaft und Knochen
- Korrosionsstabilität aller Komponenten

Es ist nicht möglich, alle diese Forderungen mit einem Material zu erfüllen. Aus diesem Grund bestehen moderne Endoprothesen aus einer Materialkombination, die lokal die gewünschten Eigenschaften aufweist („Prinzip der Funktionentrennung").

Abbildung 38 zeigt die typischen Bestandteile dieses Konzepts. Niedrige Reibungswerte werden durch optimierte Gleitpaarungen (z.B. Polyethylen/Metall oder Keramik/Keramik) erreicht. Das eigentliche Gelenk ist an einem metallischen Prothesenschaft (z.B. aus Titan oder Stahl) befestigt, der in den Oberschenkel implantiert wird. Die notwendige mechanische Ankopplung an den Knochen kann das bioinerte Metall alleine nicht erreichen, so dass entweder mit biologisch aktivem Calciumphosphat beschichtet wird, die Metalloberfläche aufgeraut wird („unzementierte Prothese"), oder der Prothesenschaft mit im Knochen aushärtendem Zement (PMMA; „zementierte Prothese") befestigt wird.

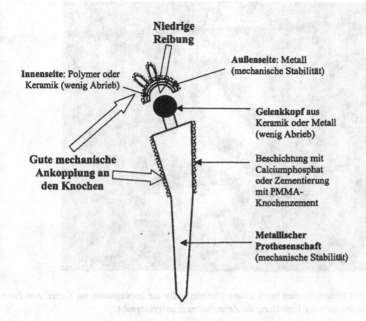

**Niedrige Reibung**

Innenseite: Polymer oder Keramik (wenig Abrieb)

Außenseite: Metall (mechanische Stabilität)

Gelenkkopf aus Keramik oder Metall (wenig Abrieb)

**Gute mechanische Ankopplung an den Knochen**

Beschichtung mit Calciumphosphat oder Zementierung mit PMMA-Knochenzement

**Metallischer Prothesenschaft** (mechanische Stabilität)

Abbildung 38: Prinzip der Funktionentrennung bei der Hüftgelenk-Endoprothese.

Die Varianz biologischer Systeme zeigt sich anschaulich daran, dass trotz zahlreicher Untersuchungen beide Verfahren angewendet werden, und dass hunderte unterschiedlicher Prothesenmodelle auf dem Markt erhältlich sind. Wären biologischmedizinische Systeme so exakt definiert wie chemische oder physikalische Experimente, so sollte es für einen gegebenen Fall genau eine optimale Prothese geben. Dies illustriert die Komplexität der hier durch unterschiedliche Materialkonzepte zu optimierenden Fragestellungen (Abb. 38).

Die gleichen Überlegungen wie für den Gelenkersatz gelten übrigens auch für den kieferchirurgischen Zahnersatz: Zahnimplantate bestehen häufig aus Calciumphosphat-beschichteten Metallzylindern, die ein gutes Anwachsen von Knochen und damit hinreichende Stabilität gewährleisten. Auf diese metallischen Implantate werden künstliche Zähne aus Keramik aufgeschraubt. Um den erheblichen Kaukräften standzuhalten, muss die mechanische Anbindung des Implantats an den Kiefer optimal sein. Eine Beschichtung mit Calciumphosphaten (gewöhnlich durch Plasmaspray-Verfahren) verbessert diese Situation erheblich (Abb. 39).

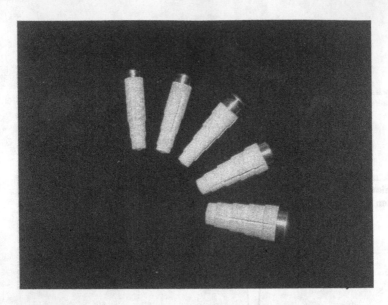

Abbildung 39: Calciumphosphat-beschichtete Stufenzylinder zur Implantation im Kiefer. Auf diese Implantate werden nach der Einheilung die Zahnprothesen aufgeschraubt.

Das Ziel der Biomaterialforschung ist eine möglichst lange Lebensdauer einer Hüftprothese, da jede Revisionsoperation naturgemäß mit Belastungen für den Patienten verbunden ist und überdies jede Explantation zu Knochenverlusten führt. Typische Lebensdauern von Endoprothesen liegen bei 10-20 Jahren, sofern keine Komplikationen auftreten. Da dies auch im Lichte der zunehmenden Lebenserwartung noch nicht befriedigend ist (z.T. werden künstliche Hüftgelenke schon 30-Jährigen implantiert), richtet sich die Forschung weltweit auf Verbesserungen der vorliegenden Modelle. Dabei steht das oben vorgestellte Grundmodell nicht zur Disposition; vorgeschlagene Verbesserungen richten sich in erster Linie auf veränderte Werkstoffe, Oberflächenmodifikationen und auf optimierte Geometrien des Prothesenschaftes.

Da die Implantationsdauer von Endoprothesen lang ist, ist die Beurteilung der Qualität über statistisches Datenmaterial schwierig. Im sogenannten „Schwedischen Hüftprothesenregister" werden seit 1972 Jahren die Daten aller operierten Patienten ausgewertet; in Deutschland gibt es ein solches (leider nicht umfassendes) Register seit 1994. Solche Datenbanken dienen in vielen Fällen zur Beurteilung einzelner Konzepte und Hüftprothesen-Modelle.

Unterschiedliche Faktoren begrenzen derzeit die Lebensdauer einer Endoprothese. Neben den heutzutage untergeordneten Faktoren Infektion (im abgeschlossenen

Tabelle 10: Vergleich einiger Reibungskoeffizienten.

| Materialkombination | $\mu_{dynamisch}$ |
|---|---|
| Gummi / Beton (trocken) | 0.7 |
| Gummi / Beton (nass) | 0.5 |
| Leder / Holz | 0.4 |
| Stahl / Stahl | 0.5 |
| Co-Cr / Co-Cr (PBS) | 0.35 |
| UHMWPE / Stahl (Serum) | 0.07..0.12 |
| UHMWPE / Stahl (Synovialflüssigkeit) | 0.04..0.05 |
| UHMWPE / Co-Cr (Serum) | 0.05..0.11 |
| UHMWPE / Ti6Al4V (Serum) | 0.05..0.12 |
| $Al_2O_3$ / $Al_2O_3$ (PBS) | 0.09 |
| UHMWPE / $Al_2O_3$ (PBS) | 0.05 |
| natürliches Hüftgelenk (PBS) | 0.005..0.01 |
| natürliches Hüftgelenk (Synovialflüssigkeit) | 0.002 |

Knochenraum sehr kritisch) und mechanischem Versagen (Bruch) sind im wesentlichen zwei Punkte von Bedeutung. Dies sind zum einen der Abrieb in der Gelenkkapsel, der langfristig zum Versagen führt, zum anderen die sogenannte „aseptische Lockerung".

Der mechanische Abrieb in der Gelenkkapsel resultiert aus der Dauerbelastung des Implantats. Millionen von Belastungszyklen müssen von den Materialien ohne allzu großen Abrieb toleriert werden. Die Optimierung wird heute in geeigneten Apparaturen vorgenommen, in denen Implantate typischerweise $10^7$ bis $10^9$ Belastungszyklen ausgesetzt werden.

Verschleiß und Funktion eines Hüftgelenks hängen von den Reibungskoeffizienten der verwendeten Materialien ab. Tabelle 10 fasst einige typische Werte zusammen. Erkennbar ist die hervorragende Optimierung des natürlichen Hüftgelenks, das aus Knorpel und Synovialflüssigkeit (Gelenkflüssigkeit) besteht. Auch die besten derzeit verfügbaren Materialkombinationen erreichen diese niedrigen Reibungskoeffizienten nicht.

Typische Abriebwerte liegen beim klassischen Konzept „Metallkugelkopf in Polyethylen-Pfanne" bei ca. 0.1 bis 0.2 mm pro Jahr. Die neueren Keramik-Keramik-Kombinationen (meist $Al_2O_3$ oder $ZrO_2$) liegen deutlich niedriger bei ca. 1-5 μm pro Jahr. Hier gibt es trotz zahlreicher positiver klinischer Ergebnisse noch Vorbehalte aufgrund der Sprödigkeit von Keramiken, die anders als Metalle oder Polymere aufgrund von Rissbildungen brechen können. Diese Bedenken werden durch statistische Auswertungen der vorhandenen Patientendaten allerdings nicht bestätigt. Die

Tabelle 11: Materialkombinationen in der Hüft-Endoprothetik (nach Willmann).

| Kopf/Pfannen-Kombination | Ergebnisse | Bemerkungen |
|---|---|---|
| Metall /Polyethylen | Befriedigende klinische Langzeitergebnisse | Kostengünstiges „Standardmodell" |
| $Al_2O_3$/Polyethylen | Seit Anfang der 70er Jahre; gute klinische Langzeitergebnisse | Mehr als 3 Mio. Fälle |
| $ZrO_2$/Polyethylen | Seit ca. 1990 | Kein Vorteil beim Abrieb, ca. 300.000 Fälle |
| $Al_2O_3$/$Al_2O_3$ | Seit Anfang der 70er Jahre; sehr gute klinische Langzeitergebnisse | Seit 1986 mehr als 100.000 Fälle |
| $ZrO_2$/$ZrO_2$ | Nur Simulatortests | Gefahr von sehr hohem Abrieb |
| $Al_2O_3$/$ZrO_2$ | Simulatortests, kaum klinische Fälle | Gefahr von sehr hohem Abrieb |

Anzahl der heute verwendeten Materialkombinationen ist begrenzt, wie in Tabelle 11 dargestellt ist.

Werkstofftechnisch ist bemerkenswert, dass $ZrO_2$/$ZrO_2$ viel schlechtere Ergebnisse zeigt als $Al_2O_3$/$Al_2O_3$, obwohl es sich in beiden Fällen um sehr harte Keramiken handelt. Der Abrieb kann nur über die Mikromechanik verstanden werden, d.h. über die lokale Beanspruchung der mikroskopischen Kristallite an der Kontaktfläche. Verunreinigungen oder versehentlich eingebrachte Partikel in der Reibfläche können zu massiv erhöhten Abriebwerten führen.

Die Forschung richtet sich heute mehr auf die Verbesserungen der Eigenschaften der vorhandenen Materialien als auf die Einführung neuer Werkstoffe. So kann man den Abrieb von Polyethylen-Pfannen über höhere Polymerisationsgrade oder stärkere Quervernetzungen reduzieren. Weiterhin kann man durch heiß-isostatisches Pressen von Aluminiumoxid gegenüber dem herkömmlichen Sintern Keramik-Köpfe und -pfannen abriebfester machen.

Die „aseptische Lockerung" bezeichnet den Verlust eines Implantats nach mehreren Jahren, ohne dass direkt identifizierbare Komplikationen vorliegen. Sie ist meist gekennzeichnet durch Knochenverlust in der Nähe des Implantats (meist im Femur), so dass es zum Verlust der mechanischen Ankopplung kommt. Es gibt vermutlich mehrere Gründe für diesen Effekt, der die Lebensdauer einer Endoprothese in der Regel begrenzt.

Ein Knochenabbau in der Nähe des Implantats wird auf physiologische Umbauprozesse zurückgeführt, da sich nach der Implantation die mechanische Belastung des Oberschenkelknochens ändert. Das dynamische System „Knochen" unterliegt einem

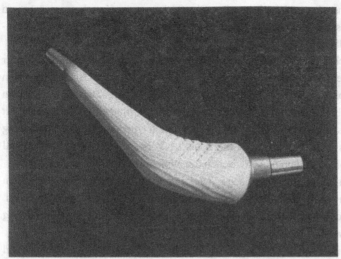

Abbildung 40: Eine unter Berücksichtigung der Krafteinleitung in den Femur konstruierte Endoprothese (mit Calciumphosphat beschichtet).

permanenten Umbau, d.h. je nach den Anforderungen und vorliegenden Belastungen wird der Knochen verstärkt oder abgebaut (siehe hierzu auch Kapitel 12 zur Biomineralisation von Knochen). Da die metallische Endoprothese wesentlich härter und damit steifer als der umgebende Knochen ist, führt dies zur mechanischen Abschirmung des umgebenden Knochens von vorliegenden Kräften (*stress shielding*). Dadurch kann es zum lokalen Abbau der Knochensubstanz kommen, da der Knochen gewissermassen nicht mehr beansprucht wird. Anstrengungen in der Forschung gehen daher auch in die Richtung, eine möglichst optimale Kraftübertragung durch entsprechend geometrisch optimierte Prothesen zu erreichen (Abb. 40). Neben dem mechanisch induzierten Knochenabbau gibt es auch deutliche Hinweise auf eine osteolytische Wirkung von mikroskopischen Abriebpartikeln aus dem Gelenk, wobei vor allem Polyethylen diskutiert wird. Weiterhin können „schlafende" Bakterien an der Oberfläche der Implantate noch nach Jahren aktiv werden und zu Infektionen führen.

Die Natur der Prothesenoberfläche spielt eine große Rolle für die Wechselwirkung mit dem umgebenden Gewebe. Dabei kommen sowohl die chemische Natur als auch die rein geometrisch bestimmte Oberflächenmorphologie zum Tragen. Damit der Prothesenschaft einen ausreichenden Halt im Oberschenkelhals findet, muss Knochen fest anwachsen, sofern man auf die Zementierung mit PMMA-Knochenzement verzichten möchte. Drei wesentliche Konzepte werden dabei derzeit verfolgt.

1) Allgemein führt eine rauhe oder poröse Oberfläche, an die Knochen anwächst, zu einer mechanischen Verzahnung mit dem umgebenden Knochen. So werden Titan-Prothesenschäfte mit Titanpulver beschichtet, um die Oberfläche aufzurauhen.

2) Eine Beschichtung mit Calciumphosphaten kann durch Plasmaspray- oder nasschemische Verfahren erfolgen. Die hohe Affinität der Osteoblasten zum Calciumphosphat (dem Knochenmineral) führt zum bevorzugten Anwachsen an diese Beschichtung. Die im Allgemeinen zusätzlich vorliegende Rauhigkeit führt dann ebenfalls zur mechanischen Ankopplung durch Verzahnung. Die Anbindung des Knochens ist so gut, dass das mechanische Versagen meist zwischen Metall und Calciumphosphat und nicht zwischen Calciumphosphat und Knochen eintritt.

3) Eine Biologisierung der Oberfläche kann durch Ankopplung von geeigneten Biomolekülen (z.B. RGD-Sequenzen für Integrine, BMPs) erreicht werden. Dadurch werden Knochenzellen angelockt, so dass die lokale Knochenbildung beschleunigt wird.

Alle drei Verfahren (mechanische Ankopplung, chemische Anbindung und biologische Funktionalisierung) können ggf. kombiniert werden. Die Beschleunigung der Einheilung und die Erhöhung der mechanischen Anbindung von metallischen Prothesen im orthopädischen und im kieferchirurgischen Sektor ist ein hochaktuelles Forschungsthema. Das umgebende Gewebe reagiert empfindlich auf die Natur der Grenzfläche eines Implantats. So gab es Versagensfälle von Endoprothesen, auf denen Rückstände von Schmiermitteln aus der Produktion verblieben waren.

Die Beschichtung mit Calciumphosphaten erfolgt meist in einer dünnen Schicht (ca. 200 µm), da dickere Schichten zum Abplatzen unter Scherspannung neigen würden. Obwohl dünnere Schichten vom werkstofftechnischen Standpunkt her eine bessere Scherfestigkeit aufweisen würden und vom biologischen Standpunkt her eine ebenso gute Biokompatibilität hätten, sind die Beschichtungen so dick, dass sie das Metall vollständig bedecken, damit sie nicht als beschädigt erscheinen. Es wurde außerdem gezeigt, dass zu dünne Schichten im Laufe der Zeit resorbiert werden. Die Beschichtung muss nicht überall erfolgen. Es reicht für die optimale Kraftübertragung, wenn der obere Teil des Schaftes beschichtet wird (Abb. 35). Dies ergibt sich aus Berechnungen der Kraftübertragung durch Simulation (z.B. Finite Elemente-Methoden).

Die Versagensraten von Endoprothesen betragen heutzutage etwa 1 % aufgrund septischer Lockerung (bakterielle Infektion; zumeist schnell nach der Implantation), 5-10 % nach 10 Jahren durch aseptische Lockerung und ca. 1 % durch Schaftbruch (nach Willmann).

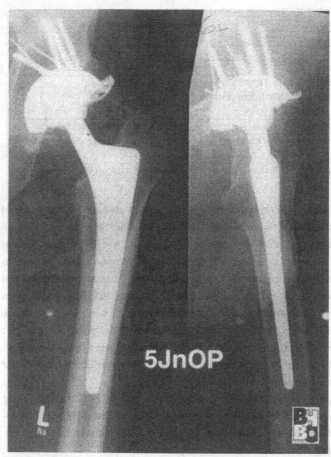

Abbildung 41: Röntgenbild einer Hüft-Endoprothese 5 Jahre nach der Operation (S. Esenwein).

Zur Befestigung des Prothesenschaftes im Femur werden heute sowohl PMMA-Knochenzemente („zementierte Endoprothese") als auch Oberflächenbeschichtungen (vor allem Calciumphosphat, „unzementierte Endoprothese") eingesetzt. Die Anforderungen an das mechanische Einpassen der Prothese sind im zementfreien Fall naturgemäß höher. Beide Verfahren weisen Vor- und Nachteile auf (Tab. 12).

Man kann zusammenfassen, dass die zementierte Endoprothese eine schnellere und bessere mechanische Ankopplung bietet, aber bei einer notwendigen Revisionsoperation (z.B. nach aseptischer Lockerung) zu höheren Knochenverlusten führt, da der ausgehärtete Knochenzement in die Umgebung der Prothese eindringt. Die nächste

Tabelle 12: Vergleich zementierte/unzementierte Endoprothese.

| Zementiert (PMMA) | Unzementiert („press-fit") |
|---|---|
| + besserer Sitz | – Gefahr der Lockerung |
| + schnelle Belastbarkeit | – Einheilungszeit erforderlich |
| + einfachere Implantation | – genaues Einpassen erforderlich |
| – lokale Gewebeschädigung durch Temperatur-erhöhung; Freisetzung von PMMA-Monomeren und Oligomeren | + keine Gewebebelastung |
| – höherer Knochenverlust bei Revision | + weniger Knochenverlust bei Revision |
| + Einbringen von Antibiotika in den Knochen-zement möglich | + bioaktive Beschichtung möglich |
| ➜ Einsatz bevorzugt bei älteren Patienten | ➜ Einsatz bevorzugt bei jüngeren Patienten |

Endoprothese wird also im Allgemeinen größer sein müssen als die vorhergehende, da die Aushöhlung im Femur größer sein wird. Dies wird bei einer unzementierten Endoprothese vermieden, insbesondere wenn die Knochenheilung wie bei jüngeren Patienten schnell erfolgt. Man wird daher im Allgemeinen bei älteren Patienten eine zementierte Endoprothese bevorzugen, um eine gute mechanische Ankopplung zu erreichen und die Liegezeit nach der Operation zu verkürzen. Dagegen ist bei jüngeren Patienten über die verbleibende Lebenszeit mit weiteren Revisionen zu rechnen, so dass hier die Vermeidung des Verlusts von vitalem Knochenmaterial im Vordergrund steht und eine zementfreie Prothese implantiert wird. Aus diesen Betrachtungen werden die gegenwärtigen Anstrengungen zur biologischen Funktionalisierung von Endoprothesen zur Beschleunigung des Anwachsverhaltens deutlich.

Eine Endoprothese ist ein typisches Beispiel für das Prinzip der Funktionentrennung unter Verwendung mehrerer Werkstoffe, die sich in ihren mechanischen und biologischen Eigenschaften ergänzen. Abbildung 41 zeigt das Röntgenbild einer implantierten Hüft-Endoprothese fünf Jahre nach der Implantation.

**Künstlicher Knochenersatz**

Ein durch eine Tumorextraktion, durch einen komplizierten Knochenbruch (Trauma), durch eine Entzündung oder nach Implantation einer Prothese (periprosthetisch) hervorgerufener Knochendefekt muss mit geeignetem Material aufgefüllt werden, um das Einwachsen von Knochen zu ermöglichen. Wenn dies nicht geschieht, kann Bindegewebe in den Defekt einwachsen, so dass die Knochenbildung unterbleibt. Weltweit werden jährlich etwa 500000 Knochentransplantationen vorgenommen. Nach Wippermann ergab eine statistische Auswertung an der

Unfallchirurgie der Medizinischen Hochschule Hannover, dass bei etwa 8 % aller Operationen Knochenverpflanzungen notwendig waren. Da die Struktur und die Eigenschaften von Knochen komplex sind (siehe Kapitel 12: Biomineralisation von Knochen), ist das Anforderungsprofil ebenfalls komplex und daher schwierig zu erfüllen.

Es gibt eine Reihe von Behandlungsmöglichkeiten, die man nach Rueger in Kategorien einteilt. Das ideale Ersatzmaterial (der „goldene Standard") ist transplantierter körpereigener Knochen („autogener Knochenersatz" oder „autologer Knochenersatz"), der im Allgemeinen aus dem Beckenkamm (Hüfte) entnommen wird. Autologer Knochen hat eine hervorragende biologische Kompetenz, ist aber oft nicht in ausreichender Menge vorhanden. Nachteilig ist auch die notwendige Sekundäroperation, die zur Belastung des Patienten führt (Schmerzen am Explantationsort, Infektionsrisiken) und zusätzliche Kosten verursacht.

Eine Alternative ist allogener Knochen, d.h. Knochen von humanen Spendern, der in vielen Kliniken in Knochenbanken vorgehalten wird. Die biologische Verträglichkeit von solchen Knochentransplantaten ist im Allgemeinen gut. Nachteilig sind mögliche Immunreaktionen und Infektionsgefahren (u.a. Viren: z.B. Hepatitis, HIV; Bakterien; Prionen). Letztere haben zu einer erheblichen Zunahme der Anforderungen an die Betreiber von Knochenbanken und an die Überprüfung der Spender geführt, so dass diese Transplantationsmöglichkeit an Bedeutung verliert. Die Einhaltung eines hohen Sicherheitsstandards hat auch zu einer erheblichen Erhöhung der Kosten geführt.

Eine mengenmäßig unbegrenzte Quelle für Knochenersatzmaterialien sind tierische Spender, z.B. in Form von Rinder- oder Schweineknochen. Dies bezeichnet man als xenogenen Knochenersatz. Dem Vorteil der kostengünstigen, unbegrenzten Verfügbarkeit stehen hohe Risiken hinsichtlich Infektionsgefahr und Immunreaktion gegenüber. Klinisch werden unbehandelte xenogene Knochentransplantate daher nicht eingesetzt; wohletabliert sind dagegen chemisch oder thermisch modifizierte xenogene Transplantate, die nicht mehr infektiös oder immunogen sind.

In manchen Fällen ist die sogenannte Distraktionsosteogenese nach Ilizarov eine Möglichkeit zur Knochenvermehrung. Dabei macht man sich die dynamische Natur des Knochens zu Nutze, d.h. die Anpassung an von außen wirkende mechanische Kräfte. Zur Verlängerung eines langen Knochens (z.B. des Unterschenkelknochens; Tibia) wird der Knochen chirurgisch durchtrennt. Der entstehende Spalt wird vom Körper mit neuen Knochen aufgefüllt. Durch langsame mechanische Vergrößerung des Spaltes (ca. 1 mm/Tag) erreicht man ein kontinuierliches Nachwachsen des

Tabelle 13: Vergleich gängiger Knochenersatzmaterialien. Bei der Betrachtung der Formgebung im Defekt ist der immer mögliche (und daher triviale) Fall der Applikation eines Granulats nicht mit eingeschlossen.

| Material | mechanische Stabilität | Biodegradierbarkeit | Biokompatibilität im Gewebekontakt | Porosität | Formgebung im Defekt möglich |
|---|---|---|---|---|---|
| Metalle und Metall-schäume (z.B. Titan, Tantal, NiTi) | sehr gut | nein | gut | möglich | nein |
| PMMA-Knochen-zemente (Polymer) | gut | nein | gut | nein | ja |
| Polyester (Poly-glycolid, Polylactid) | akzeptabel | ja | akzeptabel | möglich | nein |
| Calciumphosphat-Keramiken | gut, aber spröde | sehr langsam bis schnell | sehr gut | möglich | nein |
| Calciumphosphat-Zemente | akzeptabel | ja | sehr gut | nein | ja |
| Calciumsulfat-Zemente | akzeptabel | ja | gut | nein | ja |
| Calciumcarbonat-Keramiken | gut, aber spröde | ja | gut | möglich | nein |
| Biogläser | gut, aber spröde | unter-schiedlich | gut | möglich | nein |
| Kollagen | begrenzt | ja | gut | möglich | möglich |
| chemisch und/oder thermisch behandel-ter xenogener Knochen | gut | ja | im Allgemeinen gut | ja | nein |

Knochens und somit eine Verlängerung. Naturgemäß ist diese Art des Knochenersatzes auf spezielle Anwendungen beschränkt.

Da alle bisher vorgestellten Behandlungsmöglichkeiten grundlegende Probleme hinsichtlich Verfügbarkeit oder eventuellen Risiken aufweisen, gibt es große Anstrengungen, synthetische Knochenersatzmaterialien zu entwickeln. Die Palette der möglichen Materialien ist breit und umfasst die ganze Spanne der bisher diskutierten Biomaterialien. Grundlegende Anforderungen an solche synthetischen Materialien sind im Allgemeinen eine ausreichende mechanische Stabilität und eine gute Gewebe-verträglichkeit (Biokompatibilität). Darauf aufbauend gibt es Forderungen nach einer hohen Porosität, um das Einwachsen von Knochengewebe zu ermöglichen (mecha-nische Anbindung). Die Eigenschaft eines Materials, das Einwachsen von Knochen zu

Abbildung 42: Einige unterschiedliche Morphologien von gängigen Knochenersatzmaterialien: Interkonnektierend-poröser Hydroxylapatit aus gesintertem natürlichen Knochen (oben links); regelmäßige gebohrte Formkörper aus β-TCP (oben rechts), granuliertes β-TCP zur Auffüllung kleiner Defekte (unten links), eine poröse Kalkalge, die durch Behandlung mit Ammoniumphosphat in Hydroxylapatit umgewandelt wurde (unten rechts).

induzieren, bezeichnet man als Osteokonduktivität (Leitschieneneffekt für Knochengewebe). Knochengewebe dringt nicht in jedes poröse Material ein, sondern es bedarf einer ausreichenden Affinität des Materials zum Knochen. Noch weiter gehend ist die Forderung nach einer Osteoinduktivität, d.h. der Beschleunigung der Knochenbildung über das natürliche Maß hinaus.

Idealerweise kommt hinzu eine Biodegradierbarkeit, die im Idealfall nach einigen Monaten oder Jahren zum vollständigen Ersatz des Materials durch körpereigenen Knochen führt. Solange der neugebildete Knochen allerdings noch nicht belastbar ist, muss das Implantat die wirkenden Kräfte aufnehmen. Auch hier zeigt sich das Wechselspiel zwischen mechanischer, chemischer und biologischer Kompatibilität, die notwendigerweise zu Kompromissen führt. Sterilisierbarkeit, ausreichende Verfügbarkeit und akzeptabler Preis sind weitere Kriterien.

Da das optimale synthetische Knochenersatzmaterial noch nicht entwickelt wurde, stellen alle bisher entwickelten Knochenersatzmaterialien Meilensteine auf dem Weg zum Optimum dar. Konzepte umfassen derzeit metallische, polymere und keramische Werkstoffe. Daneben sind entsprechend aufbereitete biologische Proben und Komposit-Materialien von Bedeutung. Zemente, die im Defekt aushärten, bieten eine Anpassung an die Defektgeometrie. Makroskopische Formkörper müssen ggf. durch den Operateur vorher in die entsprechende Form gebracht werden. Einen Kompromiss bieten Granulat-Materialien (besonders im Kiefer-Bereich), die ggf. vorher mit Blut oder Blutplasma getränkt werden.

Im folgenden sollen die aktuellen Konzepte mit Vor- und Nachteilen besprochen werden. Tabelle 13 fasst die grundlegenden Aspekte einiger Knochenersatzmaterialien zusammen.

An Metallen für den Knochenersatz sind insbesondere Titan, Tantal und NiTi von Bedeutung. Diese Werkstoffe sind von guter Biokompatibilität und weisen eine hohe mechanische Stabilität auf. Durch geeignete Verfahren lassen sich auch schaumartige Strukturen fertigen, die das Einwachsen von Knochen erlauben. Auch eine biologische Funktionalisierung der Oberfläche ist möglich. Vor der Implantation ist die geometrische Anpassung an die Defektgeometrie erforderlich. Nachteilig ist in allen Fällen das Fehlen einer Biodegradierbarkeit, d.h. das Implantat verbleibt lebenslang im Körper. Forschungen an biodegradierbaren Metallimplantaten (z.B. Magnesiumlegierungen) stehen erst am Anfang. Einsatzbereiche für Metalle sind z.B. im Bereich der Wirbelsäule zu finden, wo es auf eine hohe Wechsellastbeständigkeit ankommt. Ansonsten sind Metalle für den Knochenersatz von eher untergeordneter Bedeutung.

Basierend auf den guten Erfahrungen mit Knochenzementen in der Endoprothetik kommen auch PMMA-Zemente als Knochenersatzmaterialien zum Einsatz. Eine Anpassung an die Defektgeometrie ist möglich, einschließlich eines „Modellierens" von Strukturen. Die mechanischen Eigenschaften und die biologische Verträglichkeit sind gut, allerdings wird das Material nicht biologisch abgebaut, sondern verbleibt im Körper. Variationen umfassen Komposite von PMMA mit biodegradierbaren Materialien, z.B. Calciumphosphaten und Biogläsern und biologisch funktionalisierte PMMA-Zemente.

Biologisch abbaubare Polyester auf Polyglycolid- und Polylactid-Basis sind Kandidaten für biodegradierbare Implantate mit guter mechanischer Stabilität und guter Gewebeverträglichkeit. Da die Einstellung der Polymereigenschaften in weiten Grenzen über die Zusammensetzung und die Verarbeitung möglich ist, können mechanische Stabilität und Verweildauer *in vivo* aufeinander abgestimmt werden. Auch poröse Werkstücke sind über das Auswaschen von zuvor eingebrachten Salzkristallen oder durch Aufschäumverfahren möglich. Eine ungünstige Eigenschaft ist die Freisetzung der sauren Abbauprodukte (Glycolsäure, Milchsäure), die insbesondere im

Knochenkontakt über eine pH-Wert-Absenkung zur lokalen Knochenauflösung (Osteolyse) führen kann. Durch Kombination mit basischen Füllstoffen (z.B. Calciumphosphate, Calciumcarbonat) kann dies möglicherweise kompensiert werden. Für den klinischen Einsatz sind Polyester als Knochenersatzmaterialien derzeit von vernachlässigbarer Bedeutung.

Die größte Gruppe an klinisch relevanten Knochenersatzmaterialien bilden die Calciumphosphate. Diese weisen durch ihre chemische Ähnlichkeit zum Knochenmineral generell eine hohe Biokompatibilität auf. Da es hier eine Vielfalt an Möglichkeiten hinsichtlich chemischer Zusammensetzung, Morphologie und Kristallinität gibt (siehe Kapitel 6), sind zahlreiche Präparate im klinischen Einsatz, die unterschiedliche Vor- und Nachteile aufweisen. Auch Biogläser und Calciumcarbonat werden verwendet. Wir wollen zunächst die geometrisch vorgefertigten keramischen Calciumphosphat-Keramiken diskutieren und die wichtige Klasse der Calciumphosphat-Zemente anschließend separat behandeln.

Chemisch betrachtet kommen zumeist Hydroxylapatit (HAP), $\beta$-Tricalciumphosphat ($\beta$-TCP) und biphasisches Calciumphosphat (BCP = HAP+$\beta$-TCP) zum Einsatz. Diese sind alle vollsynthetisch durch Brenn- oder Fällungsprozesse herstellbar und danach durch Sintern oder Pressen in Form zu bringen. Erhältlich sind sie als fein- und grobkörniges Granulat sowie als Formkörper zur Defektauffüllung. Abbildung 42 zeigt einige Beispiele.

Im Vergleich zu $\alpha$- und $\beta$-TCP ist Hydroxylapatit die langlebigere Phase unter physiologischen Bedingungen, da er eine niedrigere Löslichkeit und eine langsamere Resorptionskinetik aufweist. Implantate aus calciniertem HAP mit hoher Kristallinität sind in einem Knochendefekt noch nach Jahren in nahezu unveränderter Form nachweisbar. Ein ideales Material sollte sich so schnell auflösen wie neuer Knochen gebildet wird, d.h. nach der Heilung sollte der Defekt vollständig mit gesundem Knochengewebe aufgefüllt sein. Die Porosität der Implantate ist daher sehr wichtig, um Zellinvasion und Knocheneinwachstum zu ermöglichen.

Die Erzeugung von Porosität ist über tierischen (xenogenen) Knochen möglich, der durch mehrstufige Hochtemperatur-Brennprozesse (ca. 1200 °C) in eine poröse Keramik umgewandelt wird (Abb. 42). Dabei bleibt die interkonnektierende Porenstruktur des Knochens erhalten. Chemisch betrachtet werden beim Brennprozess alle organischen Bestandteile des Knochens (Kollagen, Zellen, etc.) verbrannt. Die ursprünglich nanometer-kleinen Carbonatapatit-Kristalle im Knochen sintern bei diesen Temperaturen zusammen, so dass eine hochkristalline Hydroxylapatit-Keramik entsteht. In dieser sind die Primärkristallite einige μm groß. Durch das Sintern wird

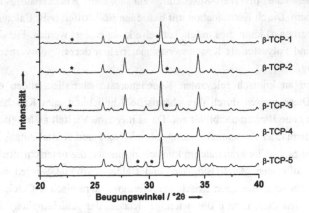

Abbildung 43: Röntgenpulverdiffraktogramme ($\lambda$=1.54 Å) von fünf kommerziellen β-TCP-Knochenersatzmaterialien. Vier von fünf Materialien enthalten kleine Mengen an α-TCP, β-$Ca_2P_2O_7$ (Calciumpyrophosphat) und Hydroxylapatit (alle markiert durch *).

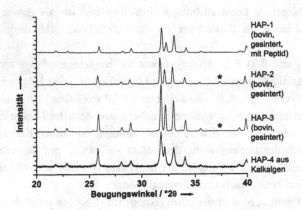

Abbildung 44: Röntgenpulverdiffraktogramme ($\lambda$=1.54 Å) von vier kommerziellen Hydroxylapatit-Knochenersatzmaterialien. Spuren an CaO sind markiert (*).

eine gute Festigkeit erreicht. Im Allgemeinen bleiben aus der Zersetzung des Carbonat-Anteils im Carbonatapatit gemäß

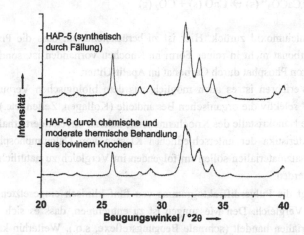

Abbildung 45: Röntgenpulverdiffraktogramme ($\lambda$=1.54 Å) von nanokristallinen Hydroxylapatit-Knochenersatzmaterialien, die durch Fällung aus Wasser (HAP-5) und durch chemische und thermische Umsetzung von Rinderknochen hergestellt wurden.

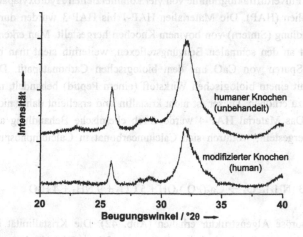

Abbildung 46: Röntgenpulverdiffraktogramme ($\lambda$=1.54 Å) von unbehandeltem humanen Knochen und von einem Knochenersatzmaterial, das durch chemische Behandlung aus Knochen hergestellt wurde. Beide Proben zeigen die breiten Beugungsreflexe des nanokristallinen Knochenminerals.

$$\text{„CaCO}_3\text{" (s)} \rightarrow \text{CaO (s)} + \text{CO}_2 \text{ (g)}$$

noch Spuren von Calciumoxid zurück. Hier ist zu berücksichtigen, dass die Phase $CaCO_3$ = Calciumcarbonat nicht in reiner Form im Knochen vorhanden ist, sondern nur als Substitution von Phosphat durch Carbonat im Apatit-Gitter.

Durch geeignete Verfahren ist es auch möglich, aus dem biologischen Verbundwerkstoff „Knochen" selektiv die organischen Bestandteile (Kollagen, Zellen, etc.) zu entfernen, so dass die Nanokristalle des Knochenminerals nahezu unverändert erhalten bleiben. Die Charakteristika der unterschiedlichen Klassen von Calciumphosphatbasierten Knochenersatzmaterialien sollen im folgenden im Vergleich zu natürlichem Knochen illustriert werden.

Abbildung 43 zeigt die Pulverdiffraktogramme von fünf klinisch eingesetzten β-TCP-Keramiken im Vergleich. Den Messungen ist zu entnehmen, dass es sich um hochkristalline Materialien handelt (schmale Beugungsreflexe, s.o.). Weiterhin kann man sehen, dass vier von fünf Materialien kleine Mengen an Verunreinigungen enthalten (mit * markierte Beugungsreflexe), die sich durch Vergleich mit Referenzdiffraktogrammen als andere Calciumphosphat-Phasen identifizieren lassen.

Abbildung 44 zeigt Pulverdiffraktogramme von vier kommerziellen Hydroxylapatit-Knochenersatzmaterialien (HAP). Die Materialien HAP-1 bis HAP-3 wurden durch Hochtemperaturbehandlung (Sintern) von bovinem Knochen hergestellt. Man erkennt die hohe Kristallinität an den schmalen Beugungsreflexen, weiterhin sieht man bei HAP-2 und HAP-3 Spuren von CaO aus dem biologischen Carbonatapatit. Das Material HAP-1 ist mit einem biologischen Wirkstoff (einem Peptid) behandelt, um die Osteoinduktivität zu erhöhen. Dieser ist nicht kristallin und erscheint daher nicht im Diffraktogramm. Das Material HAP-4 wurde durch chemische Behandlung aus marinen Kalkalgen hergestellt, wodurch sich Calciumcarbonat in Calciumphosphat umwandelt:

$$5\,CaCO_3 + 3\,(NH_4)_3PO_4 \rightarrow Ca_5(PO_4)_3OH + 5\,CO_2 + 9\,NH_3 + 4\,H_2O$$

Dabei bleibt die poröse Algenstruktur erhalten (Abb. 42). Die Kristallinität ist niedriger (breitere Beugungsreflexe), da keine Sinterung erfolgte. Die Abschätzung der Kristallitgröße nach der Scherrer-Gleichung (Kapitel 3) ergibt etwa 50 nm.

Abbildung 45 zeigt zwei weitere Hydroxylapatit-Knochenersatzmaterialien. HAP-5 wurde durch Fällung aus wäßriger Lösung hergestellt. Hier zeigt sich eine noch niedrigere Kristallinität (Kristallitgröße ca. 25 nm), da das Material nicht gesintert wurde. Die Phase HAP-6 wurde durch chemische und moderate thermische Behandlung aus bovinem Knochen hergestellt, wobei ebenfalls die Nanostruktur des Knochenminerals erhalten blieb (Kristallitgröße ca. 25 nm).

Abbildung 46 zeigt das Pulverdiffraktogramm einer humanen unbehandelten Knochenprobe, d.h. des intakten Verbundes aus Knochenmineral, Kollagen und Zellen. In der Beugung tauchen ausschließlich die Beugungsreflexe des nanokristallinen Knochenminerals auf; Kollagen und andere biologische Inhaltsstoffe weisen keine kristalline Ordnung auf und erscheinen nicht in diesem Beugungsbereich (nur bei sehr kleinen Winkeln in $°2\Theta$ kann man auch Kollagen nachweisen). Die sehr breiten Beugungsreflexe zeigen die sehr kleinen Kristallite. Eine Abschätzung nach der Scherrer-Gleichung ergibt etwa 20 nm Ausdehnung in der kristallographischen $c$-Richtung und etwa 10 nm in den kristallographischen $a$- bzw. $b$-Richtungen. Dies illustriert die plättchenförmige Geometrie der Carbonatapatit-Kristallite im Knochen (siehe Kapitel 12). Ein chemisch behandeltes Knochenersatzmaterial, das neben dem Knochenmineral noch das gesamte Kollagen enthält, ist darunter gezeigt. Auch hier ist das Kollagen nicht sichtbar; man erkennt aber, dass das Knochenmineral in unveränderter Weise nanokristallin vorliegt.

Mittels Infrarot-Spektroskopie (IR) lassen sich die Materialien weiter untersuchen. Die Abbildungen 47-50 zeigen die IR-Spektren einer β-TCP-Probe (TCP-4), einer hochkristallinen Hydroxylapatit-Probe (HAP-2), einer nanokristallinen Hydroxylapatit-Probe (HAP-5) und einer Knochenprobe. Das IR-Spektrum von hochkristallinem β-TCP zeigt lediglich die Phosphat-Schwingungsbanden und OH-Banden durch anhaftende Feuchtigkeit (Abb. 47). Hochkristalliner Hydroxylapatit zeigt allgemein schmale Schwingungsbanden und außerdem noch eine Hydroxid-Bande (Abb. 48). Hier zeigt sich, dass die Breite von IR-Schwingungsbanden auch von der Kristallstruktur abhängt (sowohl TCP-4 als auch HAP-2 sind hochkristallin). Im gefällten nanokristallinen Hydroxylapatit (Abb. 49) taucht außerdem noch eine C-O-Bande auf, die auf kleine Anteile von Carbonat hinweist (mitgefällt während der Synthese). Knochen zeigt die Hydroxylapatit-Banden und daneben noch eine Reihe weiterer Schwingungsbanden der organischen Bestandteile (Abb. 50).

Aus diesen strukturellen Informationen lassen sich Aussagen über das Verhalten der Implantat-Materialien *in vivo* ableiten. Dies sind insbesondere

• eine schnellere Biodegradation von kristallinen β-TCP-Keramiken im Gegensatz zu kristallinen Hydroxylapatit-Keramiken, denn die Löslichkeit von β-TCP ist höher als die von Hydroxylapatit (siehe Abb. 31).

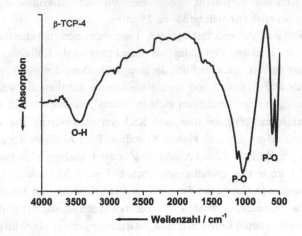

Abbildung 47: Infrarot-Spektrum von β-TCP.

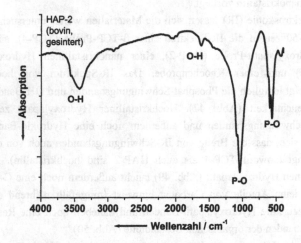

Abbildung 48: Infrarot-Spektrum von hochkristallinem Hydroxylapatit.

- eine schnellere Biodegradation von nanokristallinen Hydroxylapatit-Keramiken im Vergleich zu hochkristallinen (gesinterten) Hydroxylapatit-Keramiken, denn kleine Kristalle haben eine höhere Löslichkeit als große Kristalle (siehe Abb. 5).
- eine unterschiedliche biologische Kompetenz von rein synthetisch-anorganischen Knochenersatzmaterialien im Vergleich zu modifizierten Knochentransplantaten,

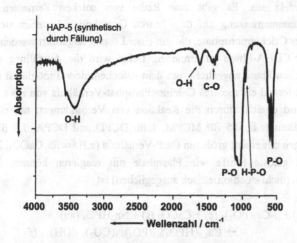

Abbildung 49: Infrarot-Spektrum von nanokristallinem Hydroxylapatit mit Carbonat-Anteil.

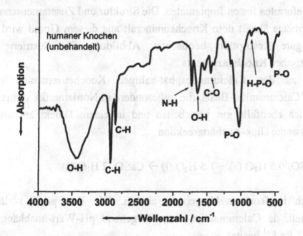

Abbildung 50: Infrarot-Spektrum von nativem Knochen, das sowohl die Mineralphase als auch die organischen Bestandteile (vor allem Kollagen) zeigt.

die noch einen großen Anteil der organischen Matrix des Knochens (Kollagen und andere Proteine) enthalten.

Neben den als Formkörper und als Granulat vorliegenden Calciumphosphat-Keramiken sind seit der Mitte der 1990er Jahre auch Knochenzemente auf anorganisch-chemischer Basis im klinischen Einsatz. Diese werden als Paste eingebracht und härten dann im Defekt aus. Es gibt eine Reihe von solchen Zementen mit unterschiedlicher Zusammensetzung auf dem Markt. Gewöhnlich bestehen sie aus einem Gemenge fester Calciumphosphate, die mit einer Lösung angerührt werden, um die Ausfällung einer CDHA-Phase zu erreichen. Dabei wird die Ausfällung einer Hydroxylapatit-ähnlichen Phase angestrebt, um dem Knochenmineral möglichst nahe zu kommen. Dazu ist formal ein molares Calcium:Phosphat-Verhältnis von etwa 1.67 anzustreben. Dies wird erreicht durch die Reaktion von Verbindungen mit einem kleineren Ca:P-Verhältnis (z.B. 0.5 für MCPM, 1 für DCPD und DCPA, 1.5 für β-TCP) mit Verbindungen mit einem größeren Ca:P-Verhältnis (z.B. ∞ für $CaCO_3$, 2 für TTCP), wobei auch gelöste Stoffe wie Phosphate mit reagieren können. Eine beispielhafte Reaktion (nicht stöchiometrisch ausgeglichen) ist

$$Ca(H_2PO_4)_2 \cdot H_2O \text{ (s)} + \beta\text{-}Ca_3(PO_4)_2 \text{ (s)} + CaCO_3 \text{ (s)} + Na_2HPO_4 \text{ (aq)}$$
$$\rightarrow Ca_{8.8}(HPO_4)_{0.7}(PO_4)_{4.5}(CO_3)_{0.7}(OH)_{1.3} \text{ (s)}$$

Der Vorteil dieses Verfahrens ist eine gute geometrische Anpassung an den Defekt im Vergleich zu vorgeformten festen Implantaten. Die Struktur und Zusammensetzung des ausgehärteten Zements ähnelt dem Knochenmineral; aus diesem Grund wird im Allgemeinen eine gute Resorption beobachtet. Abbildung 51 illustriert die Bestandteile eines typischen Knochenzements.

Eine Alternative zu den Calciumphosphat-haltigen Knochenzementen sind Knochenzemente auf Calciumsulfat-Basis, die insbesondere in Nordamerika verbreitet sind. Diese lassen sich ebenfalls gut verarbeiten und in einem Defekt aushärten. Grundlage ist die klassische Gips-Aushärtereaktion

$$CaSO_4 \cdot 0.5 \ H_2O \text{ (s)} + 1.5 \ H_2O \text{ (l)} \rightarrow CaSO_4 \cdot 2 \ H_2O \text{ (s)}$$

die naturgemäß auch in feuchter Umgebung abläuft. Die Resorption verläuft vergleichsweise schnell, da Calciumsulfat eine weitgehend pH-Wert-unabhängige Löslichkeit von etwa 2.1 g $L^{-1}$ besitzt.

Für den Mechanismus des Knochenwachstums auf Calcium-haltigen Keramiken und auf Biogläsern gibt es heute folgende Modellvorstellung:

1. Schritt: Partielle An- oder Auflösung der Keramik im Gewebekontakt.
2. Schritt: Die lokale Übersättigung des Blutserums hinsichtlich der Ausfällung von Apatit führt zur Keimbildung an der Oberfläche und zur lokalen Ausfällung von Mikrokristallen von nichtstöchiometrischem Apatit, der in seiner Zusammensetzung dem Knochenmineral ähnelt.

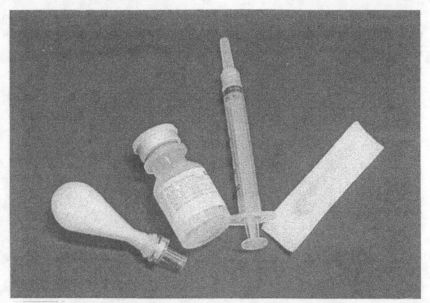

Abbildung 51: Die Bestandteile eines typischen Calciumphosphat-basierten Knochenzements sind eine Pulvermischung in einem Gummiballon, eine Kochsalzlösung und eine Spritze nebst Kanüle zum Aufnehmen der Kochsalzlösung und zum Einfüllen in den Gummiballon (von links nach rechts). Pulver und Lösung werden im Gummiballon durch Kneten gut durchmischt, woraufhin die Ausfällung der Apatit-Phase beginnt. Die entstehende Paste ist dann für mehrere Minuten in den Defekt applizierbar, bevor sie aushärtet.

3. Schritt: Ansiedlung von knochenbildenden Zellen (Osteoblasten) und Produktion der extrazellulären Matrix (Kollagen und Apatit).

4. Schritt: Inkorporation der in Schritt 2 auf physikalisch-chemischem Wege abgeschiedenen Calciumphosphat-Kristalle in das neugebildete Knochengewebe, somit gute mechanische Ankopplung des Implantats an das umgebende Gewebe.

Neuere Arbeiten haben zum Ziel, die oben vorgestellten biokompatiblen und osteokonduktiven Knochenersatzmittel durch Kombination mit biologischen Wirkstoffen weiter zu verbessern und damit osteoinduktiv zu machen. Damit befindet sich dieses Forschungsbiet im Schnittpunkt von Werkstoffentwicklung und Wirkstofffreisetzung. Eine einfache und häufig verwendete Erhöhung der biologischen Aktivität läßt sich durch Tränken des Materials mit Blut oder *platelet-rich plasma* (PRP) erreichen. Spezifischer ist der Einsatz von Wachstumsfaktoren, z.B. *bone morphogenetic proteins* (BMPs), *fibroblast growth factor* (FGF), *insulin-like growth factor* (IGF) oder *platelet derived growth factor* (PDGF). Diese können durch einfaches Tränken der

Werkstoffe, durch Einkapselung (z.B. in Zemente) oder durch kovalente Bildung an die Oberfläche eingebracht werden. Auf dem Markt für Knochenersatzmaterialien ist BMP-7 (auch als OP-1 bezeichnet) mit einem Kollagen-Träger erhältlich.

# 9 Kontrollierte Wirkstofffreisetzung

Zur Gabe pharmazeutischer Wirkstoffe werden im Allgemeinen Tabletten, Spritzen, Salben u.ä. verwendet. Diese diskontinuierlichen Applikationsformen haben den Nachteil, dass der Wirkstoffspiegel (z.B. im Blut) direkt nach der Gabe stark ansteigt und dann wieder langsam durch Metabolisierung des Wirkstoffs absinkt. Es bedarf dann einer neuen Applikation, um den Wirkstoffspiegel im therapeutisch wirksamen Fenster zu halten. Abbildung 52 illustriert diese Problematik, wie sie z.B. bei Diabetikern (Insulin) oder bei Krebstherapien auftritt.

Weiterhin ist die systemische Gabe von Wirkstoffen (d.h. unter Verteilung des Wirkstoffs im ganzen Körper) oft nicht ausreichend, um lokale Erkrankungen (Entzündungen, Krebs) zu bekämpfen, da die lokale Wirkstoffkonzentration zu niedrig ist. In manchen Fällen (z.B. bei Entzündungen im Knochenraum; Osteomylitis) kommt eine schlechte Erreichbarkeit durch oral oder subkutan gegebene Wirkstoffe hinzu. Manche Wirkstoffe (z.B. Peptide oder Proteine) lassen sich auch nicht oral verabreichen, da sie im Magen-Darm-Trakt abgebaut werden.

Aus diesen Gründen gibt es zahlreiche Versuche, eine zeitlich und räumlich besser definierte Wirkstoffapplikation durch das Einbringen von wirkstoffbeladenen Implan-

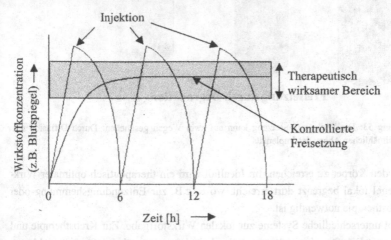

Abbildung 52: Vorteile einer kontrollierten Wirkstofffreisetzung gegenüber einer Wirkstoffinjektion in zeitlichen Abständen. Es bedarf der häufigen Injektion, um den Wirkstoffspiegel im therapeutisch wirksamen Fenster zu halten. Sowohl eine Überdosierung (Gefahr der Schädigung) als auch eine Unterdosierung (mangelnde Wirksamkeit) sind zu vermeiden. Eine kontrollierte Freisetzung aus einem Implantat vermeidet diese Schwankungen, die auch für sich genommen bereits therapeutisch unerwünscht sind.

**Freisetzung (Zeit)** ⟶

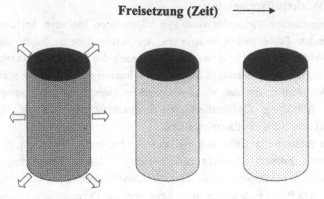

**Freisetzung durch Diffusion**

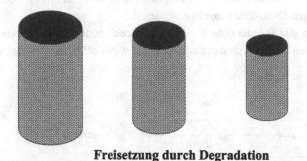

**Freisetzung durch Degradation**

Abbildung 53: Die Wirkstofffreisetzung kann auf zwei Wegen geschehen: Durch Diffusion oder durch allmählichen Abbau des Implantats.

taten in den Körper zu erreichen. Im Idealfall wird ein therapeutisch optimaler Wirkstoffspiegel lokal begrenzt dort erreicht, wo es z.B. zur Entzündungshemmung oder zur Krebstherapie notwendig ist.

Es gibt unterschiedliche Systeme zur lokalen Wirkstoffgabe. Zur Krebstherapie und zur Langzeit-Empfängnisverhütung werden beispielsweise stäbchenförmige, subkutan injiziierbare Implantate verwendet, die den Wirkstoff über Monate hinweg gleichmäßig abgeben. Stofflich werden dabei im Allgemeinen degradierbare Polymere (z.B. Polyester, Polylactide) und biostabile Polymere (Silicone) verwendet.

Die Freisetzung kann auf unterschiedlichen Wegen erfolgen. Häufig ist ein initialer „*burst*" zu beobachten, der auf der Abgabe oberflächennaher Wirkstoffanteile beruht.

Danach schließt sich eine diffusive Freigabe des Wirkstoffs aus dem Inneren des Implantats an. Bei biodegradierbaren Implantaten kann die Freisetzung auch durch den allmählichen Abbau des Implantats und die Abgabe der zuvor inkorporierten Wirkstoffanteile geschehen (Abb. 53).

Zur Behandlung von Entzündungen im der systemischen Therapie nur schwer zugänglichen Knochenraum werden Kugeln aus PMMA eingebracht, die an einer Schnur aufgereiht sind (Septopal®). Während der Implantation wird der Wirkstoff (z.B. Gentamycin als Breitband-Antibiotikum) durch Diffusion aus diesem nicht biodegradierbaren Polymer freigegeben. Nach abgeklungener Entzündung können die Kugeln bequem an der Schnur wieder entfernt werden.

Zusammengefasst sind die Vorteile einer kontrollierten Freisetzung:

- Geringere Wirkstoffmenge durch optimale Freisetzungskinetik
- Genauere Dosierung – keine zeitlichen Schwankungen
- Möglichkeit der lokalen begrenzten Therapie
- Freisetzung von Wirkstoffen auf Proteinbasis, die nicht oral verabreicht werden können.

# 10 Die wichtigsten Biomineralien

Die biologische Bildung von anorganischen Mineralien wird allgemein als „Biomineralisation" bezeichnet. Man kennt heute mehr als 70 unterschiedliche Mineralien, die von Lebewesen für die unterschiedlichsten Zwecke verwendet werden: Zum Schutz gegen Feinde (Schale, Abb. 54, 68, 70), als Werkzeug (Zähne, Abb. 67), als Schwerkraftsensor (Otoconien oder Statolithen; Abb. 59) oder als stützendes Gerüst (Skelett; Abb. 42, 71, 72, 73). Mengenmäßig betrachtet sind die Calciumphosphate gegenüber dem Calciumcarbonat ($CaCO_3$) und der Kieselsäure ($SiO_2 \cdot n\ H_2O$) von geringerer Bedeutung, da diese beiden Stoffe in riesigen Mengen von marinen Einzellern als Skelettsubstanz verwendet werden. Eine weitere sehr wichtige Klasse von Biomineralien sind die Eisenoxide, die z.B. in den Zähnen von Schnecken oder in magnetotaktischen Bakterien vorkommen.

Für Menschen ist das Vorkommen von Calciumphosphaten in Wirbeltieren natürlich besonders wichtig, da viele Krankheiten auf Störungen in Knochen oder in Zähnen zurückzuführen sind. Obwohl die Gegenwart ausreichender Mengen von Calciumphosphaten in diesen Hartgeweben wichtig und erwünscht ist, muss hier betont werden, dass es zahlreiche Fälle gibt, in denen eine Kristallisation von Calciumphosphaten am falschen Ort zu ernsten und z.T. lebensbedrohenden Krankheiten führt. Dies bezeichnet man als *pathologische Verkalkung* oder *ektope Mineralisation*, wobei Arteriosklerose, Steinbildungen und Zahnstein prominente Beispiele darstellen.

Biomineralien sind im Allgemeinen schwerlösliche anorganische Salze (Tab. 14). Die überragende Bedeutung der Calciumminerale erklärt sich durch die relative Unlöslichkeit der Calciumsalze im neutralen Milieu (Stabilität), die von einer deutlich höheren Löslichkeit im sauren Milieu begleitet wird (Mobilisierbarkeit) sowie durch

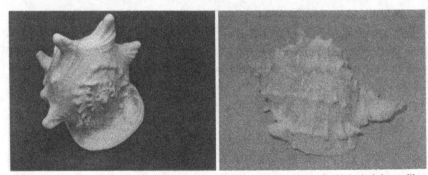

Abbildung 54: Zwei Schneckenschalen aus biogenem Aragonit. Die Form ist biologisch kontrolliert und weist keine Beziehung zur kristallographischen Mineralstruktur des Aragonits auf (vgl. Abb. 58).

Tabelle 14: Beispiele wichtiger Biomineralien

| Mineral | Formel | Verwendung (Beispiele) |
|---------|--------|------------------------|
| Calcit | $CaCO_3$ | Molluskenschalen, Skelette mariner Einzeller (Foraminifera, Coccolithophoridae) |
| Aragonit | $CaCO_3$ | Molluskenschalen |
| Apatit | $Ca_5(PO_4)_3OH$ | Zähne, Knochen in Wirbeltieren |
| Kieselsäure | $SiO_2 \cdot n\, H_2O$ | Skelette mariner Einzeller (Diatomea, Radiolaria), Pflanzen |
| Magnetit | $Fe_3O_4$ | Zähne von Schnecken |
| Strontiumsulfat | $SrSO_4$ | Skelette mariner Einzeller (Acantharia) |

die relative Häufigkeit von Calciumsalzen in natürlichen und biologischen Flüssigkeiten (Verfügbarkeit).

Die Kristallisation verläuft im Allgemeinen unter strenger biologischer Kontrolle, d.h. ein Biomineral kommt in einem Organismus stets in der gleichen polymorphen Phase (z.B. bei Calciumcarbonat) und in wohldefinierter Morphologie vor. Die Schale einer gegebenen Schneckenart wird immer aus der gleichen Calciumcarbonat-Phase (z.B. Aragonit) bestehen. Die Anordnung der mikroskopischen Primärkristallite in der Schale ist ebenfalls genetisch festgelegt und biologisch kontrolliert. Dieser hohe Grad an Ordnung sowohl im mikroskopischen als auch im makroskopischen Maßstab übertrifft alles, was Materialwissenschaftler derzeit im Labor erzeugen können. Er ist nur möglich durch eine strenge Kontrolle über Kristallkeimbildung und -wachstum durch das biologische System. Wesentliche Prinzipien sind die Wechselwirkung zwischen anorganischem Festkörper und organisch-chemischen Molekülen während der Kristallisation. Zudem muss es Regelmechanismen geben, die eine Kristallisation am unerwünschten Ort verhindern, denn die Biomineralisation läuft im Normalfall lokal kontrolliert ab. Sofern diese Schutzmechanismen versagen, kann es zu einer pathologischen Mineralisation kommen, z.B. zur Verkalkung von Adern (Arteriosklerose) und zu diversen Steinbildungen (insbesondere in Galle, Niere, Harnblase).

Biomineralien sind praktisch immer Verbundwerkstoffe aus organischen und anorganischen Bestandteilen, d.h. es liegt eine innige geometrische Verbindung zwischen organischer Matrix und anorganischen Kristallen vor, wobei das Mischungsverhältnis in weiten Grenzen variiert. So enthalten Seeigelstacheln und Zahnschmelz nur Bruchteile eines Prozents an organischen Molekülen, während im Knochen das anorganische Mineral (Calciumphosphat) und die organische Matrix (Kollagen) in vergleichbaren Mengen vorkommen. Einige Organismen verwenden mehrere Biomineralien in einem Organ; so bestehen manche Schneckenzähne aus Calciumphosphat im Verbund mit Eisenoxid, vermutlich zur Optimierung der mechanischen Eigenschaften.

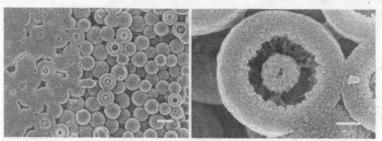

Abbildung 55: Amorphes Calciumcarbonat am Bauch der Assel *Porcellio scaber*. Die kugelförmigen Ablagerungen dienen zur temporären Speicherung des Calciums während des Schalenwechsels. Das Calciumcarbonat wird aus der alten Schale (Kutikula) vor dem Wechsel entfernt, am Bauch als ACC gespeichert und anschließend in die neue Schale wieder eingebaut (A. Ziegler).

Es sei darauf hingewiesen, dass mit dem Ausdruck „Biomineral" sowohl das gesamte aus anorganischer Mineralphase und organischer Matrix bestehende Organ (z.B. Knochen, Schale, Zahn, Stachel) gemeint sein kann, als auch nur der anorganische Anteil des Organs (z.B. das Calciumphosphat im Knochen). Der Sprachgebrauch ist hier nicht ganz eindeutig, so dass im Einzelfall darauf geachtet werden muss, was gemeint ist.

Im folgenden soll auf die stofflichen Prinzipien der wichtigsten Biomineralien eingegangen werden, um dann in den beiden nächsten Kapiteln die Mechanismen der Biomineralisation und wichtige Beispiele zu diskutieren.

### Calciumcarbonat

Das Calciumcarbonat ist das mengenmäßig wichtigste Biomineral. Jährlich werden etwa 1.7 Mrd. t $CaCO_3$ (entsprechend 0.7 Mrd. t. $CO_2$) in den Meeren als Schalen, oder Skelette sedimentiert (zum Vergleich: die jährlichen anthropogenen Emissionen liegen bei etwa 23 Mrd. t $CO_2$, im wesentlichen durch Verbrennung fossiler Brennstoffe). Die wesentlichen Nutzer das Calciumcarbonats sind Weichtiere (Mollusken) wie Schnecken und Muscheln, marine Einzeller wie Foraminiferen und Coccolithophoren, sowie Korallen. Daneben wird es auch in kleinerem Umfang biologisch eingesetzt, z.B. in Otoconien bzw. Otolithen (Gehörsteinchen) im Ohr (auch bei Menschen) oder in „Liebespfeilen" von Schnecken. Seeigelstacheln bestehen aus Magnesium-haltigem Calcit in einkristalliner Anordnung. Die Schale von Vogeleiern besteht aus Calcit. Da Meerwasser gegenüber der Fällung von

Tabelle 15: Die Phasen des Calciumcarbonats

| Phase | Kristallographische Daten | Stabilität | Biologische Relevanz |
|---|---|---|---|
| Calcit, $CaCO_3$ | trigonal, $a$=4.99 Å, $b$=4.99 Å, $c$=17.06 Å, $\alpha$=90°, $\beta$=90°, $\gamma$=120° (hexagonale Aufstellung der Elementarzelle) | thermodynamisch stabilste Phase | sehr häufig; z.B. Schalen von Mollusken, Skelette von Foraminiferen, Coccolithophoridae und Stacheln von Seeigeln |
| Aragonit, $CaCO_3$ | orthorhombisch, $a$=4.96 Å, $b$=7.97 Å, $c$=5.74 Å, $\alpha$=90°, $\beta$=90°, $\gamma$=90° | geringfügig instabiler als Calcit; keine Neigung zur Umwandlung in Calcit | sehr häufig; Schale von Mollusken, Korallen |
| Vaterit, $CaCO_3$ | hexagonal, $a$=7.15 Å, $b$=7.15 Å, $c$=16.95 Å, $\alpha$=90°, $\beta$=90°, $\gamma$=120° | erheblich instabiler als Calcit und Aragonit; neigt zur Umwandlung | sehr selten; Schalen von Mollusken, Stacheln, Gehörsteinchen |
| Amorphes Calciumcarbonat („ACC"), $CaCO_3 \cdot x\, H_2O$ | röntgenamorph | enthält unterschiedliche Mengen an Wasser; instabil; neigt zur Kristallisation | selten; vermutlich wichtige Vorstufe auf dem Weg zu den kristallinen Phasen; Speicherphase für Calcium |
| Monohydrocalcit, $CaCO_3 \cdot H_2O$ | trigonal, $a$=6.09 Å, $b$=6.09 Å, $c$=7.54 Å, $\alpha$=90°, $\beta$=90°, $\gamma$=120° | Wasserabgabe oberhalb 60-80 °C | selten in pathologischen Verkalkungen |
| Ikait, $CaCO_3 \cdot 6\, H_2O$ | monoklin, $a$=8.79 Å, $b$=8.31 Å, $c$=11.02 Å, $\alpha$=90°, $\beta$=110.5°, $\gamma$=90° | Wasserabgabe bereits <0 °C, stabil bei Raumtemperatur nur unter hohem Druck | bisher nicht nachgewiesen |

Calciumcarbonat übersättigt ist, bietet es für marine Organismen eine nahezu unerschöpfliche Quelle zur Biomineralisation.

Calciumcarbonat ist im neutralen Milieu ein schwerlösliches Salz, von dem drei wasserfreie Modifikationen bekannt sind: Calcit, Aragonit und Vaterit. Daneben gibt es amorphes Calciumcarbonat (ACC), das Wasser enthalten kann, und zwei Hydratphasen. Die wesentlichen Daten sind in Tabelle 15 zusammengefasst.

In großen Mengen kommen nur Calcit und Aragonit vor. Der an sich thermodynamisch instabilere Aragonit zeigt keine Neigung zur Umwandlung in den stabileren Calcit, denn dazu müßte eine hohe Aktivierungsenergie überwunden werden. Der Umbau der Kristallstruktur des Aragonits zu der des Calcits wäre hierzu

Abbildung 56: Ein Calcit-Einkristall mit begrenzenden {104}-Flächen.

erforderlich. Dagegen wandeln sich sowohl Vaterit als auch amorphes Calciumcarbonat (ACC) in eine der stabilen Phasen um, sofern nicht eine besondere biologische Stabilisierung vorliegt. Amorphes Calciumcarbonat ist im Labor nur sehr schwierig zu erhalten, da es schnell kristallisiert. Biologischen Systemen gelingt die Stabilisierung dieses Minerals. Da ACC eine höhere Löslichkeit als die kristallinen Phasen besitzt, wird es zur temporären Speicherung von Calcium verwendet. Abbildung 55 zeigt ein Beispiel: Kugelförmige Ablagerungen aus ACC am Bauch der Assel *Porcellio scaber*, in denen das Calcium während der Häutungsphase gespeichert wird. Wenn die neue Hülle gebildet wird, wird das Calcium aus dem ACC wieder mobilisiert und in die Hülle eingelagert.

Calcit und Aragonit kommen auch geologisch in großen Mengen vor. Typisch sind Calcit-Rhomboeder, die auch als „Island-Kalkspat" bekannt sind (Abb. 56). Sie zeigen die besondere Eigenschaft der Doppelbrechung, d.h. man sieht ein Bild durch diese Kristalle doppelt. Weiterhin stellt man fest, dass sich solche Calcit-Kristalle leicht entlang bestimmter Flächen spalten lassen (z.B. mit einem Messer). Dies sind die kristallographischen {104}-Flächen, entlang derer nur schwache Kräfte im Kristall wirken, so dass hier leicht gespalten werden kann. Im Gegensatz hierzu sind Muschelschalen viel stabiler und brechen unregelmäßig, eine Eigenschaft, die zur übergeordneten Bezeichnung „Muschelbruch" in der Geologie führte (Abb. 57).

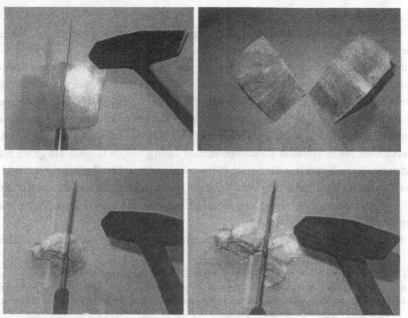

Abbildung 57: Demonstration der Spaltbarkeit von Calcit entlang einer {104}-Fläche (oben) und des Muschelbruchs (unten).

Abbildung 58: Geologisch gebildeter Aragonit: Eine Agglomeration von großen Einkristallen.

Aragonit gibt es geologisch in vielen Formen; ein typisches Kristallaggregat zeigt Abbildung 58 (man vergleiche dies mit Abb. 54).

# Calciumphosphate

Die Prinzipien der Calciumphosphat-Chemie und die wichtigsten Phasen wurden bereits ausführlich in Kapitel 6 vorgestellt. In der Biomineralisation ist, abgesehen von einigen pathologischen Verkalkungen, nur der Apatit von Relevanz. Vom anthropozentrischen Standpunkt aus betrachtet sind Calciumphosphate das wichtigste Biomineral. Die Hartgewebe im menschlichen Körper beruhen auf dieser Stoffklasse, die als carbonathaltiger Hydroxylapatit (HA) in Knochen, Zähnen und Sehnen vorkommt, um diesen Organen Stabilität, Härte und Funktion zu verleihen. Auch in der unbelebten Natur kommen Calciumphosphate häufig vor, z.T. auch als große Einkristalle, deren Wachstum über viele Jahre unter geologischen Bedingungen erfolgte. Im Gegensatz dazu handelt es sich bei den „biologischen Calciumphosphaten" fast immer um Nanokristalle, deren Kristallisation unter milden „physiologischen" Bedingungen abläuft.

Strukturell handelt es sich hier hauptsächlich um niedrig-kristalline nichtstöchio-

Tabelle 16: Zusammensetzung (Gewichtsprozent) und Struktur der anorganischen Phasen im humanen ausgewachsenen Hartgewebe im Vergleich zu stöchiometrischem Hydroxylapatit. Aufgrund der beträchtlichen Streuung in biologischen Proben sind typische Werte angegeben (nach LeGeros). [a] Calcinierte Proben; [b] Uncalcinierte Proben.

| | Enamel | Dentin | Knochen | Hydroxyl-apatit (HA) |
|---|---|---|---|---|
| Calcium[a] | 36,5 | 35,1 | 34,8 | 39,6 |
| Phosphor (als P)[a] | 17,7 | 16,9 | 15,2 | 18,5 |
| Ca/P (molares Verhältnis)[a] | 1,63 | 1,61 | 1,71 | 1,67 |
| Natrium[a] | 0,5 | 0,6 | 0,9 | – |
| Magnesium[a] | 0,44 | 1,23 | 0,72 | – |
| Kalium[a] | 0,08 | 0,05 | 0,03 | – |
| Carbonat (als $CO_3^{2-}$)[b] | 3,5 | 5,6 | 7,4 | – |
| Fluorid[a] | 0,01 | 0,06 | 0,03 | – |
| Chlorid[a] | 0,30 | 0,01 | 0,13 | – |
| Pyrophosphat (als $P_2O_7^{4-}$)[b] | 0,022 | 0,10 | 0,07 | – |
| Gesamt anorganisch[b] | 97 | 70 | 65 | 100 |
| Gesamt organisch[b] | 1,5 | 20 | 25 | – |
| Wasser[b] | 1,5 | 10 | 10 | – |
| Gitterparameter (hexagonale Aufstellung) | | | | |
| $a$-Achse, Å | 9,441 | 9,421 | 9,41 | 9,430 |
| $c$-Achse, Å | 6,880 | 6,887 | 6,89 | 6,891 |
| Typische Kristallgröße / nm | 100 µm·50·50 | 35·25·4 | 50·25·4 | 200–600 |
| Elastizitätsmodul (GPa) | 80 | 15 | 0,34-13,8 | 10 |
| Druckfestigkeit (MPa) | 10 | 100 | 150 | 100 |

metrische Apatit-Phasen, die zu einem gewissen Teil auch Natrium, Magnesium und Carbonat enthalten (sogenannter „biologischer Apatit" oder „Dahllit"). Die grundlegenden Daten über die chemische Zusammensetzung der wichtigsten humanen Hartgewebe sind in Tabelle 16 zusammengestellt.

## Kieselsäure

Kieselsäure („Opal" oder „Silica") ist als anorganisch-mineralischer Bestandteil in Skeletten und Panzern von marinen Einzellern (Diatomea, Radiolaria) von Bedeutung. Das Meerwasser ist, vermutlich durch diese Biomineralisationsvorgänge, untersättigt an Kieselsäure, so dass es im Allgemeinen keine Sedimentbildung wie beim Calciumcarbonat gibt. Daneben kommt Kieselsäure in großen Mengen in Pflanzen vor, in deren Blättern, Stengeln und Samen sie zum Schutz gegen Fressfeinde dient (z.B. in Weizen, Schachtelhalmen, Brennesseln, Reisspelzen, Bambus). Kieselgur besteht aus sedimentierten Kieselsäure-Skeletten von marinen Einzellern. Die biologisch gebildete Kieselsäure ist immer röntgenamorph, d.h. sie weist keine Fernordnung auf. Das unterscheidet sie von den geologisch gebildeten Silikaten und Quarzmineralien, die praktisch immer kristallin sind. Anorganisch-geologische Silikate bilden die Grundsubstanz der Erdrinde. Als chemische Summenformel kann man der biogenen Kieselsäure „$SiO_2 \cdot n\ H_2O$" (n<1) zuordnen. Damit kennzeichnet man die Tatsache, dass es sich strukturell um ein dem Quarz ($SiO_2$) verwandtes Mineral handelt, das aber unterschiedliche Mengen an Wasser enthält.

Als Orthokieselsäure bezeichnet man das Molekül $Si(OH)_4$. Dieses ist chemisch nicht stabil, sondern neigt zur Kondensation unter Wasserabspaltung:

$$(HO)_3Si\text{-}OH + HO\text{-}Si(OH)_3 \rightarrow (HO)_3Si\text{-}O\text{-}Si(OH)_3 + H_2O$$

$$(HO)_3Si\text{-}O\text{-}Si(OH)_3 + (HO)_3Si\text{-}O\text{-}Si(OH)_3 \rightarrow$$

$$(HO)_3Si\text{-}O\text{-}Si(OH)_2\text{-}O\text{-}(HO)_2Si\text{-}O\text{-}Si(OH)_3 + H_2O$$

usw. bis zu $(SiO_2)_\infty$.

Der strukturelle Grundbaustein von Biokieselsäure, Quarz und Silikaten ist der $SiO_4$-Tetraeder. Diese Tetraeder sind über Sauerstoffatome zu zwei- und dreidimensionalen Aggregaten verknüpft. Die Vielfalt der möglichen Verknüpfungsmöglichkeiten ist die Ursache für die sehr große Zahl an bekannten geologisch vorkommenden und synthetisch herstellbaren Silikaten. Da die biologisch gebildete Kieselsäure röntgenamorph ist, können wir schließen, dass die Verknüpfung der $SiO_4$-Tetraeder nicht zu einer regelmäßigen, sondern zu einer unregelmäßigen Anordnung führt.

Die Charakterisierung der biogenen Kieselsäure ist schwierig, da die entscheidende Charakterisierungsmethode der Röntgenbeugung aufgrund der amorphen Struktur nicht anwendbar ist. Daher ist es oft schwierig, verkieselte Bestandteile von Organismen zu identifizieren und zerstörungsfrei zu isolieren. Der thermische Abbrand der organischen Umgebung (Zellen etc.) führt auch zu strukturellen Veränderungen in der Kieselsäure (z.B. Wasserabspaltung).

Die Matrixproteine, die in solchen Kieselsäureaggregaten enthalten sind, lassen sich freisetzen, indem man die Kieselsäure mit verdünnter Flusssäure (HF) oder mit Ammoniumfluorid $NH_4F$ herauslöst. Diese Behandlung muss vorsichtig durchgeführt werden, damit keine chemische Schädigung der Matrixproteine durch diese vergleichsweise aggressiven Medien eintritt.

## Eisenoxide

Biologisch gebildete Eisenoxide kommen insbesondere in Zähnen von Schnecken, als Magnetorezeptoren in Bakterien und in mineralisch gespeicherter Form im Ferritin vor. Chemisch betrachtet handelt es sich um Magnetit ($Fe_3O_4$), Eisenoxid-Hydroxid (Goethit: $\alpha$-FeOOH; Lepidokrokit: $\gamma$-FeOOH) und um Ferrihydrit ($Fe_2O_3 \cdot n\ H_2O$).

Eisen ist gekennzeichnet durch seine weite Verbreitung in der Umwelt, seine biologische Bedeutung (insbesondere im Hämoglobin), die unterschiedlichen Oxidationsstufen +II ($Fe^{2+}$) und +III ($Fe^{3+}$) und die relative Unlöslichkeit von Eisen(III)hydroxid. Alle diese Effekte werden biologisch ausgenutzt.

Magnetotaktische bzw. magnetische Bakterien verwenden Nanokristalle aus Magnetit zur Orientierung im Erdmagnetfeld. Dabei handelt sich um einen biologischen Prozess, der hinsichtlich der angestrebten Funktion optimal ausgerichtet ist: Die biogenen Magnetit-Kristalle haben die Größe einer magnetischen Domäne (40-120 nm; Weißscher Bezirk) und kommen in kub-oktaedrischer, hexagonal-prismatischer und pfeilspitzenartiger Geometrie vor. Wären die Kristalle kleiner, so wäre die Magnetisierung nicht stabil. Wären sie größer, so würde eine Aufspaltung in zwei magnetische Domänen auftreten, deren magnetische Momente antiparallel ausgerichtet wären, so dass das resultierende magnetische Moment klein oder sogar null wäre. Neben Magnetit wird auch artspezifisch das ebenfalls magnetische Sulfid $Fe_3S_4$ (Greigit) gebildet. Darüber hinaus bilden die Bakterien mehrere Magnetit-Kristalle, die in einer Reihe angeordnet sind. Dies führt zur effektiven Verstärkung des magnetischen Moments. Die Magnetit-Kristalle befinden sich in einer Hülle aus organischer Matrix, dem sogenannten Magnetosom. Transmissionselektronenmikroskopische Untersuchungen haben gezeigt, dass diese Kompartimente zunächst gebildet und anschließend mit Eisenoxid gefüllt werden (siehe hierzu Kapitel 11: Mineralisation in Kompartimenten).

Solche Magnetit-Nanokristalle werden offenbar schon lange von Lebewesen gebildet. So findet man sie auch in 3.6 Milliarden Jahre alten Gesteinen in kettenförmiger Anordnung und schreibt sie damals lebenden magnetischen Bakterien zu. Auch in Mars-Meteoriten wurden solche Magnetit-Kristalle gefunden, was Spekulationen über Leben auf dem Mars auslöste. Im Gehirn von Tauben dienen Magnetit-Kristalle zur Orientierung im Erdmagnetfeld; auch im menschlichen Gehirn wurden Magnetit-Nanokristalle gefunden, deren Funktion bislang unbekannt ist. Zähne von Schnecken enthalten oft Eisenoxide, so auch den sehr harten Magnetit ($Fe_3O_4$).

Speicherung und Transport von Eisen sind für viele Organismen essenziell. Chemisch betrachtet ist gelöstes Eisen für den Körper problematisch, denn es neigt zur Oxidation zu $Fe^{3+}$, welches in Wasser schwerlösliches Eisen(III)hydroxid $Fe(OH)_3$ bildet. Dieses kann nur schlecht wieder mobilisiert werden. $Fe^{3+}$ wirkt überdies in Wasser sauer. Aus diesem Grund wird Eisen im Körper im Eisenspeicherprotein Ferritin gespeichert (in vielen Organismen von Bakterien bis hin zu allen Säugetieren). Ein typisches Ferritin besteht aus einem Käfig aus 24 Polypeptiden mit einem Innenraum von etwa 8 nm Durchmesser, in dem bis zu 4500 Eisenatome als nanokristallines „Ferrihydrit" = $Fe(OH)_3 \cdot n$ $H_2O$ gespeichert werden können. Beim Eintritt in den Ferritin-Hohlraum wird $Fe^{2+}$ in entsprechenden Kanälen zu $Fe^{3+}$ oxidiert und beim Austritt wieder reduziert.

### Erdalkalisulfate

Die biologisch vorkommenden Erdalkalisulfate umfassen das Calciumsulfat ($CaSO_4$), das Strontiumsulfat ($SrSO_4$) und das Bariumsulfat ($BaSO_4$). Nur das Calciumsulfat bildet stabile Hydrate. Bekannt sind hier insbesondere das Halbhydrat („gebrannter Gips") und das Dihydrat („Gips"). Wasserfreies Calciumsulfat und Halbhydrat binden in der Regel schnell mit Wasser zum stabilen Dihydrat ab (entsprechend dem Aushärten von Gips). Biologisch nachgewiesen wurden Calciumsulfat-Halbhydrat (das Mineral Bassanit) und Calciumsulfat-Dihydrat in Statolithen (Schwerkraftsensoren) von Quallen (Abb. 59). Als Biomineralien sind sie nicht besonders langlebig, da auch das Dihydrat eine vergleichsweise hohe Löslichkeit von

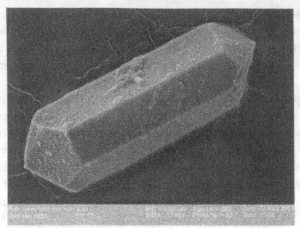

Abbildung 59: Ein Statolith, bestehend aus einkristallinem $CaSO_4 \cdot 1/2\ H_2O$, aus der Tiefseemeduse (Qualle) *Periphylla periphylla* (B. Hasse/I. Sötje/H. Tiemann).

ca. 2.1 g $L^{-1}$ aufweist. Daher lösen sich diese Biomineralien nach dem Tode des Organismus wieder im Meerwasser auf.

Strontiumsulfat (das Mineral Celestit) bildet kein Hydrat und hat eine geringere Löslichkeit als Calciumsulfat. Es kommt als Skelett der marinen Einzeller *Acantharia* vor. Bariumsulfat (das Mineral Baryt) ist schwerlöslich und besitzt eine hohe Dichte. Aus diesem Grund wird es biologisch als Schwerkraftsensor in manchen marinen Einzellern verwendet.

# 11 Prinzipien der Bildung von Biomineralien

Viele der Grundprinzipien der Biomineralisation sind heute verstanden. Ganz allgemein geht es um die Kontrolle der Kristallisation durch den Organismus, wobei hochspezialisierte Biomoleküle zum Einsatz kommen. Man kann grob fünf Mechanismen unterscheiden, die für die meisten Biomineralien wichtig sind:

1. Kontrolle über die Kristallkeimbildung
2. Kontrolle über das Kristallwachstum
3. Kristallisation in abgegrenzten Bereichen (Kompartimenten)
4. Bildung eines Verbundes aus anorganischem Mineral und organischer Matrix
5. Zusammenfügen von einzelnen Biokristalliten zu größeren Aggregaten

Dies wurde von S. Mann anschaulich mit dem Aufbau einer Stadt verglichen:

a) „Planung": Bildung supramolekularer Bereiche, die für die spätere Kristallisation vorgesehen sind.

b) „Fundament": Keimbildung an definierter Stelle in definierter Orientierung

c) „Gebäude": Kristallwachstum in definierten Kompartimenten

d) „Stadt": Zusammenfügen einzelner Kristallite

Lowenstam und Weiner unterscheiden zwischen der „biologisch induzierten Mineralisation" und der „biologisch kontrollierten Mineralisation". Während im ersten Fall eine mehr oder weniger unkontrollierte Keimbildung im offenen Kontakt mit der Umgebung stattfindet, handelt es sich in zweiten Fall um die strikte Kontrolle der Kristallisation, gekennzeichnet vor allem durch die Abscheidung in Kompartimenten. Zwischen diesen beiden Extremfällen gibt es viele Abstufungen.

Wir wollen im folgenden diese einzelnen Stufen separat besprechen und an Beispielen illustrieren.

### Kontrolle über die Kristallkeimbildung

Die Ausfällung von Salzen ist entsprechend der in Kapitel 2 vorgestellten Grundlagen zunächst kinetisch gehemmt, d.h. es muss eine Aktivierungsenergie zur Kristallkeimbildung aufgebracht werden. Diese Aktivierungsenergie kann durch Oberflächen herabgesetzt werden, wenn die Oberflächen eine entsprechende Affinität zum kristallisierenden Material haben. Dies geschieht zweckmäßig durch geeignete Biomoleküle, die auf Oberflächen adsorbieren und dort eine günstige Konformation einnehmen. Abbildung 60 zeigt vereinfacht die zugrundeliegenden Abläufe. In der Realität sind die Verhältnisse komplexer, da es sich um eine Reihe von adsorbierten Proteinen oder auch um funktionalisierte Oberflächen handelt, die mit Ionen sehr spezifisch in Wechselwirkung treten können. Entscheidend ist neben der rein elektro-

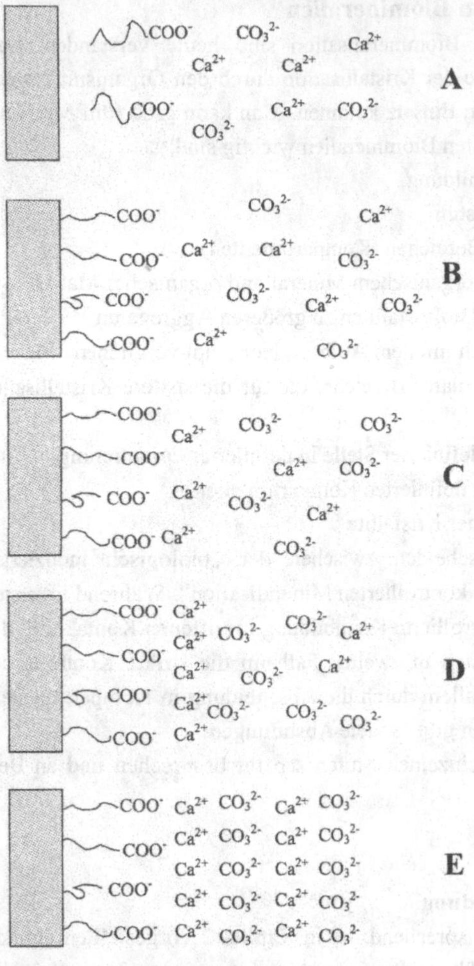

Abbildung 60: Mechanismus der heterogenen Keimbildung bei Biomineralien am Beispiel der Kristallisation von Calciumcarbonat.

A: Biomoleküle mit negativ geladenen Gruppen lagern sich an eine Oberfläche an.

B und C: Die Anordnung negativ geladener Gruppen führt zur elektrostatischen Anlagerung von Calcium-Kationen.

D: Es bildet sich eine strukturierte Schicht von Calcium-Kationen an der Oberfläche, die in der nächsten Schicht zur Anlagerung von Carbonat-Anionen führt.

E: Der gebildete Keim kann in die Lösung hinein wachsen.

statischen Wechselwirkung auch die geometrische Vorstrukturierung, d.h. die funktionalisierte Oberfläche bringt die Ionen in die Geometrie, die der gewünschten Kristallphase entspricht. Da die einzelnen Kristallstrukturen unterschiedliche Anordnungen der Ionen aufweisen, kann durch diese geometrische Vorprägung die polymorphe Phase eingestellt werden. Auf diese Weise kontrollieren beispielsweise Mollusken sehr selektiv die Bildung einer polymorphen Calciumcarbonat-Phase, so dass nur Aragonit und nicht Calcit oder Vaterit entstehen. Das konnte durch geeignete *in-vitro* Experimente (Kristallisation an geometrisch strukturierten funktionalisierten Oberflächen) bestätigt werden. Entscheidend für die polymorphe Phase sind die Proteine im adsorbierten Zustand.

## Kontrolle über das Kristallwachstum

Sobald ein Kristallkeim gebildet wurde, ist damit die polymorphe Phase (z.B. Calcit, Aragonit, Vaterit) festgelegt. Der Kristall wird nun in die Lösung hinein wachsen, solange die Lösung noch übersättigt ist. Die Geometrie des gebildeten Kristalls hängt von den äußeren Bedingungen (vor allem pH-Wert, Temperatur und Konzentrationen an Calcium und Carbonat) und von der jeweiligen Verbindung ab. So bildet Calcit unter normalen Umständen typische Rhomboeder wie in den Abbildungen 11 und 56 gezeigt. Dabei handelt es sich um eine physikalisch-chemisch festgelegte Gleichgewichtsform, die unter den gegebenen Umständen die niedrigste Energie aufweist. Aus diesem Grund findet man viele Mineralien in für sie typischen Kristallmorphologien.

Zur Erzeugung der besonderen Geometrien von Biomineralien wird das Kristallwachstum in bestimmten Richtungen reguliert. Dies erfolgt wiederum durch eine spezifische Wechselwirkung mit Biomolekülen, die selektiv an bestimmte Kristallflächen adsorbieren und dort das Wachstum unterbinden. Dem liegt zugrunde, dass sich die Oberflächen eines Kristalls in der Anordnung der Ionen unterscheiden. Gedanklich kann man solche Oberflächen als Schnittflächen (= Netzebenen) durch eine dreidimensionale Kristallstruktur auffassen. Jede dieser Schnittflächen verfügt über eine eigene Abfolge der Ionen (Abb. 61).

In ähnlicher Weise schützen sich Fische, die in sehr kalten Gewässern leben, vor einer Eisbildung im Gewebe. Spezielle Proteine verhindern das Wachstum von Eiskristallen durch selektive Adsorption.

## Kristallisation in abgegrenzten Bereichen (Kompartimenten)

Die bevorzugte Adsorption von spezialisierten Biomolekülen an bestimmte Kristallflächen führt zur Ausprägung dieser Flächen im Endprodukt. So lassen sich

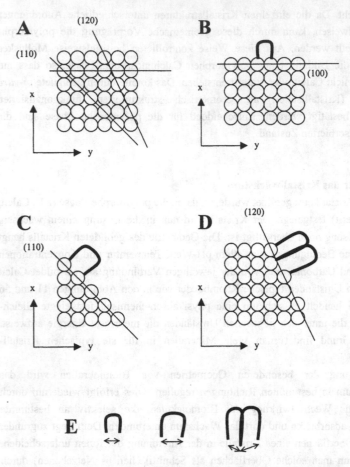

Abbildung 61: Schematische Darstellung der bevorzugten Adsorption. A: Durch einen Kristall lassen sich verschiedene Netzebenen legen (definiert durch Millersche Indizes), die Kristalloberflächen entsprechen. Jede dieser Oberflächen ist durch eine eigene geometrische Abfolge der Oberflächenatome gekennzeichnet (B, C, D). Spezifische Biomoleküle (E; hier als Klammer dargestellt) können mit den Oberflächen selektiv in Wechselwirkung treten und damit das Wachstum in dieser Richtung blockieren. Diese Kristallfläche (z.B. Würfelfläche, Oktaederfläche) wird im endgültig resultierenden Kristall besonders häufig vertreten sein.

ggf. Würfel, Oktaeder oder stäbchenförmige Kristalle herstellen. Auch dies ist aber noch nicht ausreichend zur Erklärung der geometrisch komplexen Biomineral-Strukturen. Es erklärt auch nicht, warum manche Biokristallite (wie im Knochen) immer in ganz bestimmten Größen und Morphologien auftreten.

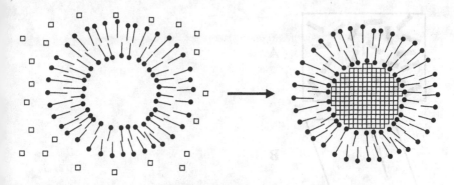

Abbildung 62: Schematische Darstellung der Kristallisation in Kompartimenten (hier: einem Vesikel, d.h. einem von einer Lipid-Doppelschicht abgegrenzten Bereich). Die Kristallisation im Inneren des kugelförmigen Kompartiments führt zu einem annähernd kugelförmigen Kristall, der ansonsten rechtwinklig gewachsen wäre.

Biologische Systeme bedienen sich zur weiteren Kontrolle über die Kristallmorphologie der Kristallisation in räumlich abgegrenzten Bereichen, in die die abzuscheidenden Ionen durch geeignete Transportmechanismen (Ionenpumpen) hinein transportiert werden, bis die Löslichkeit überschritten ist. Dies sind meist Vesikel, die eine Zellmembran-ähnliche Begrenzung oder unlösliche Proteinschichten enthalten (Abb. 62). Auch zum Transport von Mineral innerhalb einer Zelle werden Vesikel verwendet, z.B. bei der Knochenmineralisation (Apatit), bei der Schalenbildung von Diatomeen (Kieselsäure) und bei der Schalenbildung von Coccolithophoren (Calciumcarbonat).

Dies läßt sich auch im Labor mittlerweile nachahmen, z.B. zur Herstellung von Nanopartikeln.

## Bildung eines Verbundes aus anorganischem Mineral und organischer Matrix

Alle Biomineralien sind durch den innigen Verbund des anorganischen Minerals mit einer organischen Matrix gekennzeichnet. Die relativen Anteile können sehr unterschiedlich sein: Während in Knochen und Dentin die Mineralphase (Calciumphosphat) und die organische Matrix (Kollagen) in vergleichbaren Anteilen vorkommen, enthalten hochmineralisierte Hartgewebe wie Enamel oder Molluskenschalen mehr als 98 % anorganisches Mineral. Neben den biologischen Funktionen, die eine organische Matrix versieht (z.B. die biologische Signalwirkung der Matrixproteine im Knochen), dient dieser Werkstoffverbund in erster Linie der Erhöhung der mechanischen Stabilität. Die mechanischen Eigenschaften von Knochen resultieren aus dem Zusammenspiel von flexiblem Kollagen und hartem Calciumphosphat.

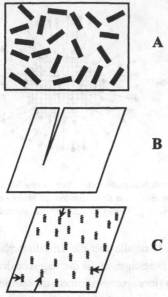

Abbildung 63: Die Erhöhung der mechanischen Stabilität von Biomineralien durch Bildung eines Verbundes mit der organischen Matrix. **A**: Einlagerung von Mineralpartikeln in die organische Matrix zur Erhöhung der Stabilität (Beispiel: Knochen); **B**: Ein reiner Einkristall weist bestimmte kristallographische Spaltrichtungen auf, entlang derer sich Risse ausbreiten können (z.B. Calcit). **C**: Die Einlagerung von kleinsten Anteilen (< 1 %) von Proteinen in das anorganische Mineral fängt Risse auf und erhöht somit die Bruchfestigkeit (Beispiel: Muschelschale).

Knochen ist *„soft as butter and hard as rock"*, d.h. sowohl elastisch als auch hart; ein Eigenschaftsprofil, das mit synthetischen Materialien nicht einfach zu realisieren ist. Muschelschalen bestehen stofflich nahezu vollständig aus eher weichem Calcit oder Aragonit (Mohs'sche Härte 3 bzw. 3.5), sind aber weitaus härter als die reinen Mineralien.

Zwei Effekte tragen zur Verbesserung der mechanischen Eigenschaften bei. Bei vergleichbaren Anteilen aus Mineral und Matrix bildet sich ein Verbundwerkstoff aus elastischem Material (Matrix) mit hartem Füllstoff (Mineral) entsprechend synthetischen Verbundwerkstoffen (z.B. Autoreifen: Kautschuk mit Rußpartikeln). Die eingelagerten Partikel erhöhen die Härte des elastischen Grundmaterials.

Bei sehr kleinen Anteilen an organischer Matrix findet eine Einlagerung der Matrix in das anorganische Mineral statt. Dadurch wird insbesondere das Bruchverhalten verändert, wie es exemplarisch in Abbildung 57 gezeigt ist. Calcit-Einkristalle weisen bevorzugte Spaltrichtungen auf: die {104}-Netzebenen, die auch die im Normalfall vorliegenden Oberflächen ausmachen (Abb. 56). Dies gilt auch für alle anderen einkristallinen Materialien, da in jeder Kristallstruktur Netzebenen vorkommen, entlang derer die Bindungen schwächer sind als entlang anderer Netzebenen. Da das mechanische Versagen solcher keramischer Materialien im Allgemeinen von mikroskopischen Rissen ausgeht, die sich im Material ausbreiten, wäre die Nutzung reinen Calcits (z.B. für eine Schale oder einen Stachel) mechanisch ungünstig. Aus diesem Grund werden kleine und kleinste Anteile von Proteinen während der Kristallisation „eingearbeitet", und zwar nicht regellos, sondern so, dass sie die Rissausbreitung entlang dieser kritischen Netzebenen verhindern. Das Proteinmolekül führt zu Verspannungen im Gitter und weist außerdem elastische Eigenschaften auf; beides zusammen hält einen ankommenden Riss auf. Abbildung 63 illustriert beide Prinzipien.

## Zusammenfügen von einzelnen Biokristalliten zu größeren Aggregaten

In vielen Fällen reicht die Bildung eines einzelnen Kristalles oder eines Werkstoffverbundes nicht aus, um die biologischen Erfordernisse zu erfüllen. In diesen Fällen bildet der Organismus zunächst die einzelnen Werkstücke und fügt sie anschließend zu größeren Struktureinheiten zusammen. Dies ist beispielsweise bei marinen Einzellern (Diatomeen und Coccolithophoren) der Fall, deren Schalen aus mehreren vorgebildeten Einzelteilen (z.T. auch Einkristallen) bestehen.

## Die organische Matrix

Im Verlauf der Evolution haben sich spezialisierte Biomoleküle auf Proteinbasis entwickelt, die die oben beschriebenen Regulierungsfunktionen wahrnehmen. Diese werden auch als Matrixproteine bezeichnet. Bis heute ist unser Wissen über Aufbau und Wirkung dieser Stoffe noch sehr lückenhaft. Durch Auflösung der anorganischen Bestandteile eines Biominerals kann man die organischen Bestandteile im Prinzip isolieren. Dabei stößt man auf eine Reihe von Problemen:

- Die Auflösung des anorganischen Minerals gelingt bei Calciumcarbonat und Calciumphosphat über Säurebehandlung oder durch Calcium-bindende (-komplexierende) Stoffe, z.B. EDTA (Ethylendiamintetraacetat). Kieselsäure kann man mit Flusssäure (HF) oder Derivaten davon auflösen. In allen Fällen stellt sich die Frage nach einer möglichen Schädigung der Biomoleküle durch diese Behandlung. Weiterhin kann es problematisch sein, die Biomoleküle von den großen Mengen an entstehendem Calcium-Komplex (EDTA) zu trennen.

- In vielen Fällen ist der Mengenanteil der Proteine im Biomineral sehr klein, d.h. es müssen große Mengen Biomineral aufbereitet werden, um ausreichende Mengen an Proteinen zu erhalten.

- Die im Biomineral enthaltenen Proteine sind oft nur teilweise löslich, so dass man „lösliche Matrix" („saure Proteine") und „unlösliche Matrix" (Gerüstproteine) unterscheidet. Der unlösliche Anteil ist meist sehr schwer zu charakterisieren. Kollagen ist ein Beispiele für ein schlecht lösliches Gerüstprotein; Chitin ist ein schwerlösliches Kohlenhydrat-Polymer.

- Die Extraktion ergibt stets ein Gemisch von vielen Biomakromolekülen. Es bedarf daher einer Auftrennung. Viele Matrixproteine sind hochgradig glycosyliert (mit Zuckerresten versehen) und damit sehr schwierig zu reinigen und zu charakterisieren. Einige Matrixkomponenten sind auch komplexe Polysaccharide.

- Nach einer Auftrennung und ggf. Charakterisierung der einzelnen Biomoleküle stellt sich die Frage nach dem Wirkmechanismus. Es ist anzunehmen, dass hier auch kooperative Effekte (Wirkung mehrerer Proteine während eines Prozesses) eine Rolle spielen.

- Es ist nicht selbstverständlich, dass die im endgültigen Biomineral enthaltenen Proteine identisch sind mit denjenigen, die während der Bildung des Biominerals auftraten. Es ist vielmehr wahrscheinlich, dass während der Bildung des Biominerals in einer zeitlichen und räumlichen Abfolge unterschiedliche Biomakromoleküle mit dem anorganischen Mineral wechselwirken, und dass nur einzelne Anteile davon im fertigen Biomineral enthalten sind. Im Grunde müßten die Biomoleküle also während der Bildung des Biominerals isoliert und analysiert werden.

Dies illustriert die Probleme, die der Aufklärung der Biomineralisationsvorgänge entgegenstehen. Dennoch wissen wir heute durch entsprechende Extraktionsexperimente einiges über die Zusammensetzung der Matrixproteine. Sie sind meist durch hohe Anteile an kovalent gebundenen Zuckermolekülen gekennzeichnet. Außerdem enthalten sie im Allgemeinen hohe Anteile an kurzkettigen (Glycin, Alanin) und sauren (Glutaminsäure, Asparaginsäure) Aminosäuren.

Durch Fällungs- und Kristallisationsexperimente kann man den Einfluss dieser Matrixproteine *in vitro* untersuchen. Man verfolgt dabei die Kinetik der Fällung und die Morphologie der gebildeten Kristalle bzw. Kristallite. Insbesondere im Fall des Calciumcarbonats konnte durch ausgedehnte Fällungsexperimente eine bevorzugte Adsorption der Matrixproteine an bestimmte Kristallflächen nachgewiesen werden (wie oben beschrieben). *In-vitro* Modelle der Biomineralisation umfassen z.B. die

Kristallisation an Oberflächen, in Vesikeln oder unter Langmuir-Filmen. Allgemein akzeptiert ist die Beobachtung, dass die in Lösung befindlichen Matrixproteine als Inhibitoren für die Kristallisation dienen (Blockierung der Oberfläche von Keimen), während die an einer Oberfläche adsorbierten Matrixproteine als Keimbildner dienen. Die Wirkung eines gegebenen Makromoleküls kann also je nach Applikation unterschiedlich sein.

# 12 Fallbeispiele für die Biomineralisation

Nicht alle der in Kapitel 11 dargestellten Prinzipien gelten für alle Biomineralien. Daher sollen einige ausgewählte Beispiele die Biomineralisation illustrieren.

## Knochen

Nach Weiner und Wagner *„bezeichnet der Ausdruck ‚Knochen' eine Familie von Materialien, die alle aus mineralisierten Kollagenfasern aufgebaut sind."*. Diese Materialfamilie umfasst neben dem eigentlichen Knochen auch Dentin (d.h. das innere Material von Zähnen), Zahnzement (die dünne Schicht zwischen Zahnwurzel und Kiefer), mineralisierte Sehnen und mineralisierten Knorpel.

Knochen macht den größten Teil des Hartgewebes im menschlichen Körper aus. Seine Hauptfunktionen sind zum einen die mechanische Stabilisierung und zum anderen die Speicherung von Calcium und Phosphat für unterschiedliche metabolische Zwecke. Strukturell betrachtet ist Knochen ein Verbundwerkstoff aus Calciumphosphat und Proteinen (zu 85-90 % Kollagen, daneben auch kleineren Anteilen von etwa 200 unterschiedlichen nichtkollagenen Proteinen, z.B. Osteocalcin, Osteonectin, Osteopontin). Die besonderen mechanischen Eigenschaften des Knochens sind durch das Zusammenspiel von organischer Matrix (Kollagen) und anorganischem Mineral (Calciumphosphat) gegeben: Das Kollagen sorgt für die Elastizität (Zug- und Biegebelastung), das Calciumphosphat für die Härte (Druckbelastung).

Normalerweise besteht Knochen aus einer relativ dichten äußeren Schicht (*Corticalis*, kortikaler Knochen oder kompakter Knochen), die einen weniger dichten porösen Innenraum (*Spongiosa*, spongiöser Knochen oder schwammartiger Knochen) umgibt, der mit gelartigem Knochenmark gefüllt ist. Die einzelnen Knochenstränge in der Spongiosa bezeichnet man als Trabekel. Die Porosität des Knochens ist von großer Bedeutung für den Stoffaustausch und für die Zugänglichkeit für Zellen. Daneben spielt sie eine große Rolle für die anisotrope mechanische Stabilität des Knochens. Die physiologischen Flüssigkeiten im Knochen erhöhen die Elastizität. Der Knochen wird von der Knochenhaut (Periosteum) umhüllt. Die Struktur von Knochen kann durch einen hierarchischen Aufbau auf unterschiedlichen Längenskalen erklärt werden. Abbildung 64 zeigt eine dreidimensionale mikrotomographische Aufnahme von spongiösem Knochen.

Die mikroskopisch kleinsten Bauelemente von Knochen sind mineralisierte Kollagenfasern („Fibrillen") von etwa 80-100 nm Durchmesser bei einer Länge von einigen μm (Abb. 65). Diese bestehen aus biologischem Apatit (d.h. substituiertem CDHA, „Dahllit") und Kollagen-I-Molekülen. Letztere lagern sich zu Tripel-Helices

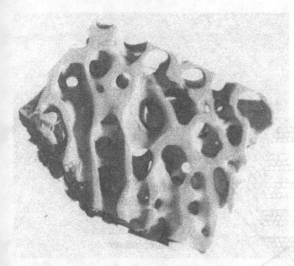

Abbildung 64: 3D-Mikrotomographische Aufnahme von spongiösem Knochen (ca. 5·5·5 mm³).

zusammen. Die Apatit-Kristalle im Knochen sind plättchenförmig (elongiert entlang der kristallographischen c-Achse). Ihre Dicke beträgt nur wenige Elementarzellen: ca. 2-4 nm (Tab. 16). Die Kristalle sind parallel in die Kollagenfibrillen eingebaut.

Auf der nächsthöheren Strukturierungsebene ordnen sich die Kollagenfibrillen in dreidimensionalen Netzwerken an (z.B. lamellar oder auch ungeordnet). Da die makroskopischen mechanischen Eigenschaften von dieser Anordnung abhängen, bilden unterschiedliche Knochen unterschiedlich strukturierte Bereiche, um den jeweils vorliegenden Druck- und Biegebelastungen zu entsprechen. Die nächste Strukturierungsebene wird von den im Knochen vorhandenen Zellen bestimmt. Dies sind im wesentlichen die Osteoblasten (bewegliche knochenbildende Zellen), die Osteoklasten (bewegliche knochenauflösende Zellen) und die Osteozyten (im Knochen befindliche, unbewegliche Zellen).

Allgemein kann ein typisches Muster der Knochenbildung angegeben werden. Die Osteoblasten produzieren Kollagen und Calciumphosphat. Zunächst bildet sich ein unmineralisiertes Gewebe, das sogenannte Osteoid, das im wesentlichen aus Kollagen besteht. Die Hohlräume sind zunächst mit Wasser gefüllt. Später erfolgt die Mineralisierung, d.h. die Einlagerung von Calciumphosphat-Biomineral unter Verdrängung des Wassers. Man unterscheidet hier medizinisch zwei Arten der Knochenbildung. Die desmale Ossifikation läuft bei der initialen Knochenbildung in Embryonen ab. Hierbei

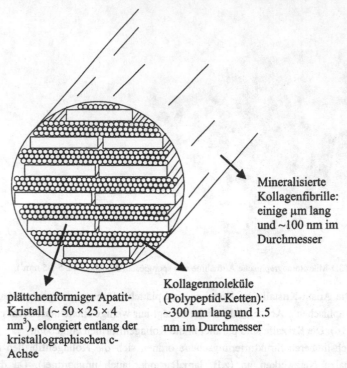

**Mineralisierte Kollagenfibrille:** einige μm lang und ~100 nm im Durchmesser

**plättchenförmiger Apatit-Kristall** (~ 50 × 25 × 4 nm³), elongiert entlang der kristallographischen c-Achse

**Kollagenmoleküle (Polypeptid-Ketten):** ~300 nm lang und 1.5 nm im Durchmesser

Abbildung 65: Schnitt durch eine Kollagenfibrille (schematisch), die Kollagenmoleküle und Calciumphosphat-Nanokristalle enthält.

wird im Prinzip Bindegewebe durch Ansiedlung von Osteoblasten in Knochen umgewandelt.

Die endochondrale Ossifikation findet z.B. in der Wachstumsfuge (Epiphysenfuge) in langen Knochen nahe der Gelenke statt. Dabei wird im Endergebnis Knorpel in Knochen umgewandelt. Dies führt zur Verlängerung der Knochen. Die perichondrale Ossifikation führt zur Dickenzunahme der langen Knochen: neues Knochengewebe wird außen an den Knochen angelagert. Beides geschieht insbesondere beim Wachstum von Kindern und Jugendlichen. Im fertigen Knochen befinden sich die Osteozyten, die aus Osteoblasten hervorgegangen sind. Die Osteozyten sind durch Fortsätze mit anderen Osteozyten verbunden. Sie sind vermutlich auch an der Regelung des Gleichgewichts zwischen Knochenaufbau und Knochenabbau beteiligt (s.u.).

Gegenstand einer anhaltenden Diskussion ist die Frage, ob es sich bei der Knochenbildung um einen „aktiven" oder um einen „passiven" Prozess handelt. Unter einem aktiven Prozess versteht man hier die Akkumulation von Calciumphosphat-Nanokristallen in einem räumlich begrenzten Zellbereich eines Osteoblasten, d.h. in einem Matrixvesikel. Solche Matrixvesikel wurden mittels Transmissionselektronenmikroskopie in Frühstadien der Knochen- und Zahnmineralisation nachgewiesen. Ihre Funktion ist noch nicht vollständig aufgeklärt; möglicherweise dienen sie auch nur zur temporären Speicherung von Calciumphosphat-Biomineral.

Der Ausdruck „passiver Prozess" resultiert aus der Beobachtung, dass Blutserum gegenüber der Calciumphosphat-Ausfällung übersättigt ist, d.h. dass eine Mineralbildung spontan an geeigneten Keimbildungsplätzen stattfinden sollte (z.B. auf einer Kollagen-Faser). Die Kollagen-Fibrillen haben eine spezielle Struktur mit einer Periodizität von 67 nm und 35-40 nm großen Lücken bzw. „Löchern" zwischen den Enden der Kollagen-Moleküle, in denen im ausgewachsenen Knochen vermutlich die Calciumphosphat-Nanokristalle lokalisiert sind. Ansammlungen negativ geladener Seitengruppen, die die Kristallisation begünstigen könnten, wurden sowohl für Kollagen als auch für nichtkollagene Proteine gefunden. Eine Keimbildung an diesen Stellen würde zu diskreten Kristallen in der Größe der Hohlräume führen, wobei die Größe durch die Kollagen-Fibrille begrenzt wäre. Damit die Kristallisation nicht permanent und unkontrolliert verläuft, nimmt man die Gegenwart von Kristallisationsinhibitoren an. Es wurde vorgeschlagen, dass die zeitweilige lokale Abwesenheit von spezialisierten Inhibitoren (z.B. Fetuin oder Matrix-Gla-Protein) zur Ausfällung von Calciumphosphat und somit zur Mineralisation führen sollte.

Als erste Kristallite im Knochen wurden punkt-, nadel- und plättchenförmige Aggregate in der Größenordnung von wenigen Nanometern gefunden. Bis heute ist die Frage, ob das Knochenmineral von Zellen aktiv gebildet und ausgeschieden wird, oder ob eine systemische Regulation der Inhibitor-Konzentration die Mineralisation lenkt, nicht entschieden. Möglicherweise liegt die Wahrheit zwischen diesen beiden Extremfällen, d.h. Calciumphosphat-Nanokristalle werden in Zellen aus dem übersättigten Serum gebildet und anschließend in der Nähe der Kollagenfibrille ausgeschieden, um dort an geeignetem Ort angelagert zu werden.

Im Gegensatz zu den anderen Hartgeweben im Körper durchläuft Knochen kontinuierlich einen Auf- und Abbauprozess, das sogenannte „Remodeling". Dies trifft für die meisten, jedoch nicht für alle Knochen im Körper zu (z.B. nicht für Gehörknöchelchen). Spezialisierte Zellen (Osteoklasten) bauen kontinuierlich Knochensubstanz ab, während die Osteoblasten laufend neuen Knochen aufbauen. Dabei setzen sich die Osteoklasten an der Knochenoberfläche fest und lösen dort den Knochen auf. Dies geschieht über die Ausbildung eines sauren Kompartiments zur Auflösung von Calciumphosphat (pH ca. 4 bis 4.5) und die Ausscheidung von speziellen Enzymen

(Kollagenasen), die das Kollagen abbauen. Im gesunden Organismus liegt ein dynamisches Gleichgewicht vor, so dass sich die Knochensubstanz netto nicht verändert. Überwiegt der Knochenabbau, so kommt es zur Osteoporose; überwiegt der Knochenaufbau, so kommt es zur Osteopetrose. Aus diesem Grund besteht der Knochen im erwachsenen Menschen aus vielen kleinen Bereichen unterschiedlichen „Alters" und ggf. unterschiedlicher Struktur; eine Tatsache, die die Strukturuntersuchung erheblich erschwert. Die Steuerung dieses Gleichgewichts erfolgt über eine Reihe von biochemischen Signalmolekülen (Faktoren), deren Zusammenspiel bis heute nicht bekannt ist. Ein umfassendes Verständnis der biologischen Regelung der Knochenbildung würde die Behandlung vieler Knochenerkrankungen (insbesondere der Osteoporose) ermöglichen.

Der Einfluss einer mechanischen Belastung auf die Knochenbildung ist mittlerweile akzeptiert und auch in Zellkulturexperimenten (Osteoblasten) nachgewiesen. Das Wegfallen einer mechanischen Belastung führt zum Knochenabbau, so z.B. im Weltraum. Der Umbau der Knochentrabekel bei wechselnder Belastung ist schon seit 1892 als Wolffsches Transformationsgesetz bekannt. Knochen passt sich im Verlauf des kontinuierlichen Umbau-Prozesses den von außen wirkenden mechanischen Belastungen an.

Bis heute ist der Mechanismus der Knochenbildung also nicht vollständig aufgeklärt. Klar ist, dass der anorganische Anteil des Knochens aus biologischem Apatit besteht, d.h. aus CDHA mit ionischen Substitutionen („Dahllit"). Es hat nicht an Versuchen gefehlt, die Abscheidung des Knochenminerals *in vitro* nachzuahmen. Das ist im Prinzip einfach, da es lediglich der Ausfällung von Calciumphosphat aus einer übersättigten wäßrigen Lösung bedarf. Die Herausforderung besteht darin, eine chemisch und morphologisch mit den Knochenkristalliten identische Calciumphosphat-Phase herzustellen. Da es hierzu der spezifischen Wechselwirkung mit den entsprechenden Biomolekülen und vermutlich auch der Kristallisation in abgetrennten Matrixvesikeln (Kompartimenten innerhalb der Zelle) bedarf, ist dieses Ziel bis heute nicht erreicht worden. Es konnte allerdings gezeigt werden, dass eine Kollagenmatrix die Keimbildung von Calciumphosphat bewirken kann.

Die ausgedehnten Fällungsversuche zur Nachahmung der Knochenmineralisation *in vitro* haben allerdings gezeigt, dass bei der Fällung von Apatit aus übersättigter Lösung meist Zwischenprodukte auftreten, die erst später zum Apatit kristallisieren. Dabei werden insbesondere die Phasen Dicalciumphosphat-Dihydrat (DCPD), Octacalciumphosphat (OCP) und amorphes Calciumphosphat (ACP) gefunden. Alle drei sind leichter löslich als Apatit und neigen daher dazu, gemäß der Ostwaldschen Stufenregel vor dem stabileren Apatit auszufallen. Aus diesem Grunde wurden sie auch für die Knochenmineralisation als intermediäre Phase vorgeschlagen. In den 1960er Jahren postulierten Brown et al. OCP als erste Phase bei der Knochenmineralisation. Diese Annahme wird dadurch gestützt, dass OCP eine enge strukturelle Verwandschaft zum Apatit aufweist und somit als Keim für das Kristallwachstum dienen kann. Der direkte Nachweis ist schwierig, da es sich naturgemäß um Nanokristallite handeln muss. Mittels hochauflösender Transmissionselektronenmikroskopie gelang allerdings der Nachweis von OCP als *central dark line* in Hartgewebe. Der röntgendiffraktometrische Nachweis gelingt nicht. Parallel zu Brown et al. schlug die Gruppe um Posner das amorphe Calciumphosphat (ACP) als erste feste Phase bei der Knochenmineralisation vor, ebenfalls gestützt auf *in vitro* Experimente. Hier ist der Nachweis in biologischem Material noch schwieriger, da sich amorphes Material der Röntgenbeugung völlig entzieht. Als mögliche erste Baueinheit bei der Fällung von amorphem Calciumphosphat wird „Posner's Cluster" $Ca_9(PO_4)_6$ diskutiert.

Die Untersuchung von natürlichen Knochenproben mittels Röntgenbeugung zeigt stets nur die Beugungsreflexe von nanokristallinem Apatit (wie in Abbildung 46 gezeigt). Andere Phasen (z.B. DCPD, Calciumcarbonat, OCP, ACP) sind nicht eindeutig nachweisbar.


**Zähne**

Neben den Knochen sind Zähne das zweite wichtige Hartgewebe in höheren Tieren. Die Struktur von Zähnen ist noch komplexer als die von Knochen (Abb. 66). Zähne bestehen aus drei unterschiedlichen Biomineralien: Zahnschmelz (Enamel) an der Außenseite, Zahnbein (Dentin) an der Innenseite und Zahnzement. Tabelle 16 zeigt, dass Dentin und Knochen eine sehr ähnliche Struktur besitzen, so dass man beide in der Praxis in vieler Hinsicht gleichsetzen kann. An der Wurzel ist der Zahn vom Zahnzement umschlossen, über den eine feste mechanische Anbindung an den umgebenden Knochen erfolgt und auch die Resorption des Dentins durch Osteoklasten verhindert wird. Diese biomechanisch optimierte Struktur ermöglicht die Funktionsfähigkeit von Zähnen über viele Jahre. Die Zahnbildung beginnt in der Embryonalphase bereits 4 bis 6 Wochen nach der Befruchtung.

Zahnschmelz (Enamel) besitzt eine andere Struktur als Dentin oder Knochen. Er enthält Kristalle aus biologischem Apatit, die deutlich größer sind als die Nanokristalle im Knochen und Dentin (Tab. 16). Außerdem enthält Enamel kein Kollagen. Die Übergangsphase zwischen Enamel und Dentin bezeichnet man als Enameloid. Hier

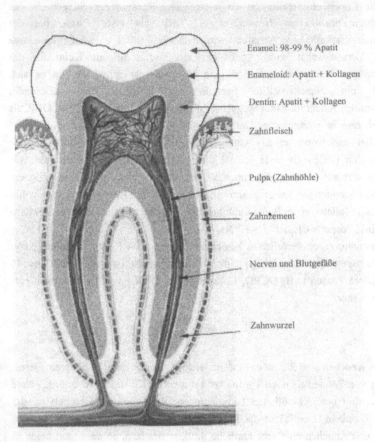

Abbildung 66: Schematische Darstellung eines Zahnes.

handelt es sich um ein Hartgewebe mit Enamel-ähnlichen Kristallen aus biologischem Apatit im Verbund mit Kollagen.

Der wesentliche Unterschied zwischen Enamel und Enameloid im Vergleich zu den anderen Hartgeweben im Körper ist die Größe der anorganischen Kristalle. Die Mineralphase im Zahnschmelz besteht aus nadelförmigen Kristallen, die einige 10 µm lang werden (bis zu etwa 100 µm), aber z.T. nur 50 nm dick sind (Abb. 67). Die Zusammensetzung entspricht dennoch derjenigen der Knochen- oder Dentin-Kristallite (Tab. 16). An der Oberfläche enthält Zahnschmelz auch Fluorid (ca. 200-1000 ppm an der Oberfläche, ca. 0.01 Gew.-% insgesamt), welches die Hydroxid-

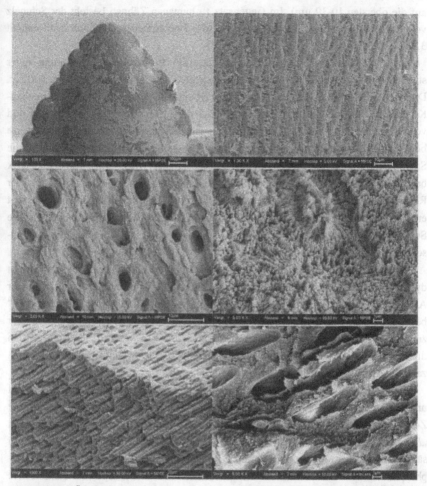

Abbildung 67: Übersicht der Spitze (oben links), Enamel (oben rechts) und Dentin (mitte links) eines angeätzten Haifischzahnes (Tigerhai; *Galeocerdo cuvier*); Ätzmuster eines humanen Backenzahnes (Enamel; mitte rechts), Dentin eines humanen Schneidezahnes (Bruchfläche; nicht geätzt) in der Übersicht (unten links) und in der Vergrößerung (unten rechts).

Positionen im Apatit besetzt. Dieses wird auch durch Fluorid-haltige Zahnpasta mit eingelagert. Es erhöht die Härte des Enamels und verringert die Säurelöslichkeit und reduziert damit den bakteriellen Angriff. In der Oberfläche fluorotischer Zähne (bei konstanter hoher Fluorid-Gabe) liegt der Fluorid-Gehalt bei etwa 0.3 Gew.-%, entsprechend einer etwa 8-%igen Substitution von Hydroxid durch Fluorid (bezogen auf die obersten 10-30 μm). Im Gegensatz zu humanen Zähnen besteht der Schmelz von Haifischzähnen aus Fluorapatit (Abb. 67). Stöchiometrischer Fluorapatit enthält 3.76 Gew.-% Fluor.

Die langgestreckten Enamel-Kristalle entstehen in paralleler Anordnung unter strenger biologischer Kontrolle, die bei allen Stufen der Zahnschmelzbildung vorliegt. Die Kristallite haben dabei eine bemerkenswert einheitliche Form. Die in den Enamel-Kristalliten vorhandenen Kristallflächen sind die (100)-Fläche an den Seiten und vermutlich die (001)-Fläche an den Enden, in Übereinstimmung mit den üblicherweise bei Apatit auftretenden Flächen. Spezialisierte Zellen (Ameloblasten) bilden die Schmelzmatrix, in der das Biomineral abgeschieden wird. Diese Schmelzmatrix besteht zu etwa 90 % aus dem nicht-kollagenen Protein Amelogenin. Im Verlauf der Reifung des Schmelzes wird zunehmend organische Matrix durch Calciumphosphat ersetzt, bis am Ende ein nahezu vollständig anorganisches Gewebe entstanden ist. Die Schmelzbildung ist mit dem Zahndurchbruch abgeschlossen. Die Dicke von Zahnschmelz kann bis zu 2.5 mm betragen.

Dentin ist im Gegensatz zum (nach seiner Bildung) statischen Zahnschmelz ein dynamisches Gewebe, das auch nach dem Zahndurchbruch einem Umbau und einer Anpassung an äußere mechanische Reize unterliegt. Die Bildung des „Primärdentins" bei der Zahnbildung erfolgt durch Präodontoblasten und Odontoblasten, auch hier zunächst in Form einer unmineralisierten Dentinmatrix (im wesentlichen Kollagen), in die anschließend Calciumphosphat eingelagert wird. Im ausgereiften Dentin liegen zahlreiche parallele Kanäle vor (Abb. 67).

Eine physikalisch-chemische Form der Biomineralisation läuft beständig auf unseren Zähnen ab. Da Enamel nur bei der Zahnbildung im Kiefer entsteht und keine Zellen enthält, kann es nicht durch zelluläre Mechanismen repariert werden (kein „Remodelling" wie im Knochen). Eine chemische Schädigung durch Säure (z.B. durch säurehaltige Lebensmittel oder Getränke) führt zur lokalen Auflösung des Calciumphosphat-Minerals im Zahnschmelz. Glücklicherweise ist der Speichel (ebenso wie Blutserum) gegenüber der Abscheidung von Apatit übersättigt, so dass eine Selbstheilung durch Kristallisation auftritt. Dieser Vorgang ist rein physikalisch-chemischer Natur, d.h. er steht nicht unter biologischer Kontrolle, so dass man ihn tatsächlich als „passive Mineralisation" bezeichnen kann. Eine Substitution von Hydroxid durch Fluorid im Zahnschmelz erhöht dessen Säurebeständigkeit.

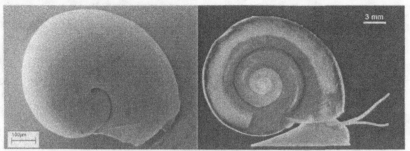

Abbildung 68: Schale eines Embryos von *Biomphalaria glabrata* kurz vor dem Schlüpfen (ca. 120 h alt) mit etwa 1 ½ Windungen (links). Mit zunehmendem Alter erhält die Schnecke mehr Windungen, lagert also Mineral an der Öffnung an. Eine ausgewachsene Schnecke (rechts) verfügt über deutlich mehr Windungen (J. Marxen).

## Molluskenschalen

Die heute vorkommenden Weichtiere (Mollusken) bilden Schalen aus Calciumcarbonat. Als die Biomineralisation von Weichtieren vor etwa 570 Mio. Jahren „erfunden" wurde, gab es Mollusken mit Schalen sowohl aus Calciumcarbonat als auch aus Calciumphosphat. Mit der Zeit sind die Arten mit Calciumphosphat-Schalen fast völlig ausgestorben, so dass die bei weitem überwiegende Zahl heutiger Schnecken und Muscheln Schalen aus Calciumcarbonat bildet. Der Grund dafür ist nicht eindeutig bekannt; es wird jedoch vermutet, dass sich Phosphat im Verlauf der Evolution als zu kostbar erwies, um zu Schalen verarbeitet zu werden. Die Cephalopoden (z.B. Nautilus) verwenden nur Aragonit für die Schale, während bei Gastropoden (Schnecken) und Bivalviern (Muscheln) sowohl Aragonit als auch Calcit in den Schalen auftreten.

Molluskenschalen sind komplexe Strukturen mit hoher mechanischer Stabilität. Die Bildung der Schale erfolgt an der Außenseite des Organismus im Mantel, dem schalenbildenden Organ an der Innenseite der Schale. Hier wird eine extrazelluläre Schleimschicht („extrapalliale Flüssigkeit") gebildet, aus der die anorganischen Kristalle abgeschieden werden. Das Periostrakum ist eine polymere Proteinschicht, die die Schale von außen umhüllt und schützt (Abb. 19). Die Schale einer Schnecke wächst durch die Anlagerung von Mineral am Mantelrand, d.h. an der Öffnung. Mit zunehmendem Alter erhält die Schnecke also immer mehr Windungen. Abbildung 68 zeigt die Schale eines Schneckenembryos kurz vor dem Schlüpfen und die Schale einer ausgewachsenen Schnecke derselben Spezies.

Die Schale selbst besteht aus Calcit und/oder Aragonit mit ca. 0.01 bis 5 Gew.-% eingelagerter organischer Matrix (je nach Spezies), oft angeordnet in mehreren

Abbildung 69: Kreuzlamellenstruktur in einer Molluskenschale (J. Marxen).

Schichten unterschiedlicher Morphologie. Etwa 50 unterschiedliche mikroskopische Gefügestrukturen sind bekannt. Am wichtigsten sind die Kreuzlamellen-Struktur (meist Aragonit) und die Perlmutt-Struktur (*nacre* oder *mother of pearl*; immer Aragonit). Erstere besteht aus miteinander verkeilten Kristalliten (Abb. 69), letztere aus Stapeln von plättchenförmigen Kristalliten, zwischen denen sich die organische Matrix befindet. Beim Perlmutt liegt die Dicke der Plättchen in der Größenordnung der Wellenlänge des sichtbaren Lichtes; dies führt zu Beugungseffekten (analog zur Beugung von Röntgenstrahlen an Kristallgittern) und damit zum Farbenspiel des Perlmutts. Da sich das Perlmutt im Innern der Schale befindet, kann dieser optische Effekt keine biologische Ursache haben, sondern ist wohl eher ein zufälliges Produkt der Ausbildung einer mechanisch stabilen Gefügestruktur. Die Struktur der Schale ist geometrisch festgelegt und artspezifisch. Einzelne Spezies haben ihre Schalenstruktur über 500 Millionen Jahre bewahrt. Ähnlich wie der Knochen in Wirbeltieren dient auch die Molluskenschale als Reservoir, aus dem ggf. Calcium mobilisiert werden kann. Ein ausgedehnter Umbau (wie im Knochen) findet allerdings nicht statt. Abbildung 70 zeigt zwei typische Schneckenhäuser.

### Schalen und Skelette von marinen Einzellern

Die mengenmäßig bedeutendsten „Nutzer" von Biomineralien sind marine Einzeller, die mineralisierte Skelette bilden. Am bedeutendsten sind die Foraminiferen (*Foraminifera*, $CaCO_3$: Calcit), die Coccolithophoren (*Coccolithophoridae*, $CaCO_3$:

Abbildung 70: Links- und rechtsdrehende Weinbergschneckenhäuser (*Helix*). Die linksdrehenden Häuser sind viel seltener als die rechtsdrehenden (ca. 1:20000). Dies ist genetisch festgelegt und hat wenig mit den hier dargestellten Mechanismen der Biomineralisation zu tun. Beide Schalen bestehen aus reinem Aragonit (das linksdrehende Weinbergschneckenhaus wurde freundlicherweise von H. Brunner zur Verfügung gestellt).

Calcit), die Diatomeen (*Diatomea*, Kieselsäure; $SiO_2 \cdot n\ H_2O$), die Radiolarien (*Radiolaria*, Kieselsäure) und die Acantharien (*Acantharia*, Strontiumsulfat; $SrSO_4$).

Coccolithophoren sind marine Kalkalgen, die einen Panzer aus Calciumcarbonat besitzen. Die sogenannte Coccolithosphäre besteht aus mehreren Calcit-Kristalliten. Die Mineralbildung erfolgt in intrazellulär gebildeten Vesikeln, die dann an die Zelloberfläche transportiert werden. Eine Reihe von sauren Polysacchariden (PS1, PS2 und PS3), die offenbar für die Mineralisation verantwortlich sind, wurde aus *Pleurochrysis* isoliert. Coccolithophoren leisten mengenmäßig den Hauptbeitrag zur Calciumcarbonat-Biomineralisation. In geringerem Maße tragen auch die Calcit-bildenden Foraminiferen zum Calciumcarbonat-Umsatz bei. Sie sind besonders in der Geologie zur Datierung und Identifizierung von Sedimenten von Bedeutung und werden auch zur Suche nach Öl- und Erzlagerstätten eingesetzt.

Die umfangreichen Mengen an Calciumcarbonat, die von solchen Einzellern gebildet werden, spielen geologisch eine große Rolle. Sedimentgesteine und -gebirge (z.B. die Dolomiten oder die Schwäbische Alb) beruhen auf sedimentierten

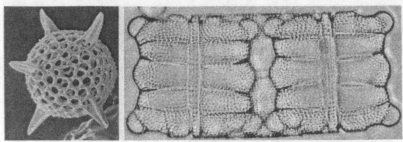

Abbildung 71: Marine Einzeller in der Vergrößerung: Radiolarie (links), Diatomea (rechts).

Kalkskeletten. Da das Meerwasser an Calciumcarbonat übersättigt ist, lösen sich die Skelette nach dem Tod der Organismen nicht auf.

Acantharien akkumulieren Strontiumsulfat aus dem Meerwasser, bis die Löslichkeit in entsprechenden Kompartimenten überschritten ist. Sie bilden Stacheln aus einkristallinem Strontiumsulfat. Nach dem Tod des Organismus erfolgt keine Sedimentation, da das Meerwasser an Strontiumsulfat stark untersättigt ist und sich das Skelett daher schnell auflöst.

Über 10000 Arten an Diatomeen (Kieselalgen) kommen im Süß- und Salzwasser vor. Sie besitzen Zellwände aus Kieselsäure, die morphologisch aus einer Schachtel (*Hypotheka*) mit einem darüber gestülpten Deckel (*Epitheka*) bei runden Grundflächen (ähnlich einem flachen Zylinder) bestehen. Über die Duplizierung der Zellwand während der Zellteilung liegen umfangreiche morphologische Studien vor. Auch hier wird das Mineral in speziellen Kompartimenten, den *silica deposition vesicles* abgeschieden und an die Zellwand transportiert. Untersuchungen der Matrixproteine (nach Kröger und Sumper) ergaben vier Klassen von Biomakromolekülen: Frustruline (vermutlich die schützende Proteinschicht um die Kieselsäure-Zellwand; glycosylierte Proteine), Pleuraline (aus der Kieselsäure-Zellwand nach Auflösung mit HF erhaltene Proteine), Silaffine (mit Polyamin-Seitenketten versehene Proteine) und artspezifische lineare Polyamine. *In-vitro* Fällungen von Kieselsäure in Gegenwart dieser Proteine führten zur Induktion der Keimbildung und zu ausgeprägten Morphologien der gebildeten Kieselsäure-Partikel (z.B. monodisperse Kugeln), je nach anwesendem Matrixprotein. Das Meerwasser ist in der Regel untersättigt gegenüber Kieselsäure, so dass im Allgemeinen keine Sedimentation erfolgt.

Historisch interessant sind die vielfältigen Zeichnungen der Skelette mariner Einzeller, die von dem deutschen Biologen Ernst Häckel in der zweiten Hälfte des 19. Jahrhunderts angefertigt wurden („Kunstformen der Natur"). Diese ästhetischen Dar-

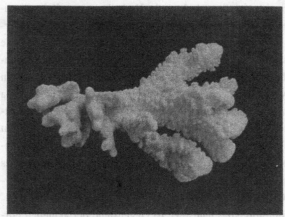

Abbildung 72: Das Calciumcarbonat-Gerüst einer Koralle zeigt die poröse Struktur.

stellungen der hochsymmetrischen Formen (Abb. 71) erregten seinerzeit auch das Interesse des breiten Publikums und hatten auch Einfluss auf die damalige Kunst.

## Korallen

Korallen sind Kolonien von Polypen, die große Riffe bilden und bis in 6000 m Tiefe vorkommen. Sie stellen mengenmäßig eine sehr große Senke für Calciumcarbonat dar. Meist bilden sie Aragonit, in manchen Fällen auch Calcit als Gerüstmaterial (Abb. 72).

## Pathologische Mineralisation

Viele pathologische Verkalkungen beruhen auf der Kristallisation von anorganischen Mineralien an unerwünschten Orten im Körper. Medizinisch wichtig sind hier vor allem die Arteriosklerose, d.h. die Blockierung von Blutgefäßen durch Cholesterin und Calciumphosphate, und die Bildung von Steinen, z.B. in der Blase oder in der Niere. Solche Steine bestehen meist aus Calciumoxalat $CaC_2O_4 \cdot 2\ H_2O$, Calciumphosphat, Magnesiumammoniumphosphat (Struvit) oder Harnsäure. Die Kariesbildung beruht auf dem Ersatz des wenig löslichen, harten Schmelzapatits durch andere, besser lösliche und weichere Calciumphosphat-Phasen. Die Chondrocalcinose ist eine Erkrankung, bei der Calciumphosphat in Menisken abgeschieden wird. Auch Biomaterialien können unerwünscht verkalken. So ist eine häufige Komplikation bei künstlichen Herzklappen (biologischen Urspungs oder synthetisch) die Kristallisation von Calciumphosphat.

139

Physikalisch-chemisch betrachtet ist die pathologische Verkalkung eine Kristallisation von anorganischen Mineralien aus übersättigten Körperflüssigkeiten. Offenbar versagen hier physiologische Regelmechanismen, die im gesunden Organismus die Abscheidung des Minerals verhindern. Dies kann auch auf krankhaft erhöhte Ionenkonzentrationen zurückzuführen sein, so dass das Löslichkeitsprodukt überschritten wird. Dies ist eine thermodynamisch notwendige Bedingung für die Ausfällung. Da nun auch im gesunden Organismus viele Körperflüssigkeiten (Blut, Speichel) hinsichtlich der Hydroxylapatit-Abscheidung übersättigt sind (trotz der Komplexierung von Calcium durch Biomoleküle), können wir folgern, dass die Verkalkung thermodynamisch zwar stets möglich, aber kinetisch im Allgemeinen gehindert ist. Daher muss es geeignete Inhibitionsmechanismen im Körper geben, die eine Mineralisation am unerwünschten Ort im gesunden Organismus verhindern.

Die Untersuchung dieser Inhibitionsmechanismen ist Gegenstand der aktuellen Forschung in der molekularen Medizin, da ein besseres Verständnis derselben zur Behebung dieser weitverbreiteten Erkrankungen beitragen könnte. Vermutlich sind Störungen dieser Inhibition die Ursache für eine Reihe pathologischer Verkalkungen. Insbesondere für das Calciumphosphat konnte gezeigt werden, dass die Abwesenheit bestimmter Inhibitoren (z.B. Fetuin, Matrix-Gla-Protein; Mgp) zu pathologischen Verkalkungen in einzelnen Geweben führt. Die Beweisführung geht dabei über genetisch veränderte Tiere (meist Mäuse), die diese Inhibitoren nicht bilden können (*knock-out* Mäuse). Durch Vergleich von Wildtyp (nicht genetisch verändertes Tier) und *knock-out*-Tieren kann dann auf spezifische Erkrankungen zurückgeschlossen werden. Eine „Veranlagung" zu solchen Erkrankungen könnte somit auf einen genetisch bedingten Mangel an solchen Inhibitoren zurückzuführen sein. Die Mechanismen der Inhibition sind nicht genau bekannt; es liegt aber nahe, dass entweder eine Komplexierung der beteiligten Ionen im Serum oder eine Verhinderung des Keimwachstums durch bevorzugte Adsorption an Kristallflächen entscheidende Rollen spielen.

Diese Inhibitoren verhindern die Kristallisation. Beim Vorliegen einer Übersättigung (=Überschreitung des Löslichkeitsprodukts) kann auch eine Induktion der Kristallisation die Ursache für eine Fällung sein. Ähnlich wie bei der „normalen" Biomineralisation bedarf es dazu besonderer Keimbildungsstellen, an denen die Kristallisation erfolgt (vgl. Abb. 60). Dies wird derzeit für die Arteriosklerose diskutiert:

1. eine heterogene Keimbildung von Calciumphosphaten an den Membranen von toten Zellen (Induktion der Kristallisation durch die Phosphat-Gruppen von Zellmembran-Phospholipiden),

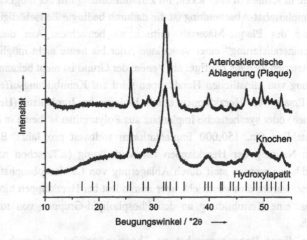

Abbildung 73: Beugungsdiagramm einer arteriosklerotischen Ablagerung („Plaque") im Vergleich mit Knochen. Dargestellt sind ebenfalls die Reflexpositionen des Hydroxylapatits. Die Kristallinität der arteriosklerotischen Ablagerung ist geringfügig höher als im Knochen (etwas schmalere Reflexe), aber das Material ist immer noch nanokristallin; strukturell handelt es sich um Hydroxylapatit. Weitere kristalline Phasen sind nicht detektierbar.

2. Keimbildung durch Antikörper, die spezifisch gegen Cholesterin gerichtet sind und somit die Abscheidung ermöglichen.

3. In fortgeschrittenen Stadien der Arteriosklerose werden knochenähnliche Strukturen durch Osteoblasten-ähnliche Zellen (sogenannte Pericyten) an der Innenseite von Adern gebildet. Dies ist eine biologisch-kontrollierte Mineralisation. Arteriosklerotische Ablagerungen („Plaques") enthalten im fortgeschrittenen Stadium mehr als 50 Gew.-% Knochenmineral-ähnlichen Apatit (Abb. 73)

Die Behandlung verkalkter Adern ist auch heute nur schwer möglich. Häufig eingesetzte Verfahren sind die Ballon-Angioplastie (Einführung eines expandierbaren Ballons über einen Katheter an die Verengung und mechanische temporäre Aufweitung), die Stent-Implantation (Einführung eines zusammengefalteten zylinderförmigen Drahtgeflechts über einen Katheter, gefolgt vom Aufspannen zur permanenten Aufweitung) und die Bypass-Operation. Wünschenswert wäre eigentlich eine Wiederauflösung der Calciumphosphat-Cholesterin-Ablagerung. Leider ist dies physikalischchemisch nicht möglich, da das Löslichkeitsprodukt von Apatit im Blutserum überschritten ist. Da sich die rein chemischen Verfahren (Applikation von Säure; Erhitzen) von vornherein verbieten, wurden Konzepte zum mechanischen „Freibohren" von

Adern über Bohrköpfe in Kathetern entwickelt. Im Zusammenhang mit der möglichen Induktion der Calciumphosphat-Abscheidung ist die dadurch bedingte Zellschädigung und Partikularisierung des Plaque-Materials kritisch zu betrachten. Aus diesen Gründen ist die „Demineralisierung" einer verkalkten Ader bis heute nicht möglich. Übrigens verkalken Arterien weitaus häufiger als Venen; der Grund ist nicht bekannt.

Auch die Verkalkung von künstlichen Herzklappen wird auf Keimbildungseffekte zurückgeführt. Der Ersatz von Herzklappen durch biologische Implantate (Herzklappen von Schweinen) oder synthetische Implantate aus Polyurethan ist heute in der Herzchirurgie wohletabliert (ca. 150.000 Implantationen weltweit pro Jahr). Eine Komplikation ist die Neigung der Herzklappen zur Verkalkung (z.T. schon nach wenigen Monaten), d.h. sie werden steif durch Ablagerung von Calciumphosphaten. Bis heute ist nicht klar, warum dies geschieht, aber zumindest bei Herzklappen biologischen Ursprungs ist eine Keimbildung an den Phospholipid-Gruppen von toten Zellen wahrscheinlich.

Die Weiterführung dieser Betrachtung hat zu Theorien geführt, die auch die „normale" Mineralisation im Knochen auf die An- oder Abwesenheit von Inhibitoren zurückführen. Es wäre möglich, dass eine Knochenmineralisation immer dann erfolgt, wenn die Inhibitorkonzentration lokal biologisch kontrolliert herabgesetzt wird.

**Evolution der Biomineralisation**

In Tabelle 17 sind einige „Meilensteine" der Biomineralisation aufgeführt (modifiziert nach Lowenstam, Weiner; 1989). Geologisch/paläontologisch ist die Biomineralisation wichtig, da die meisten Versteinerungen auf Hartgewebe, also letztlich auf Biomineralien beruhen. Unser Wissen über frühere Lebensformen auf unserem Planeten wird maßgeblich durch erhaltene fossile Schalen, Skelette und Zähne beeinflusst.

Tabelle 17: Zeitliche Entwicklung der Biomineralisation auf der Erde.

| Zeit / $10^6$ a | Biomineral | Ereignis |
|---|---|---|
| 3800.. 2000 | $Fe_3O_4$ | Magnetische Bakterien ? |
| 2700 | Sulfide | Ablagerungen aus Bakterien ? |
| 1000 | $CaCO_3$ | Kalk in Cyanobakterien |
| 600..700 | $Fe_3O_4$ | Magnetische Bakterien ! |
| 570 | | Beginn der Biomineralisation in vielen Arten; Übergang vom Präkambrium zum Kambrium |
| 470 | Ca-Phosphat | Beginn der Skelettbildung in Fischen |
| 450..480 | Kieselsäure | Kieselsäure in Pflanzen |
| 450 | Kieselsäure | Auftreten der Radiolarien (Skelette) |
| 435 | $CaCO_3$ | Bildung großer Korallenriffe |
| 350 | Ca-Phosphat | Auftreten der Reptilien (Skelette) |
| 285 | Ca-Phosphat | Auftreten der Amphibien (Skelette) |
| 200 | Ca-Phosphat | Auftreten der Säugetiere (Skelette) |
| 200 | Kieselsäure | Auftreten der Diatomeen (Panzer) |
| 195 | $CaCO_3$ | Coccolithophoridae, Foraminifera |
| 170 | Ca-Phosphat | Auftreten der Vögel (Skelette) |

# 13 Anhang

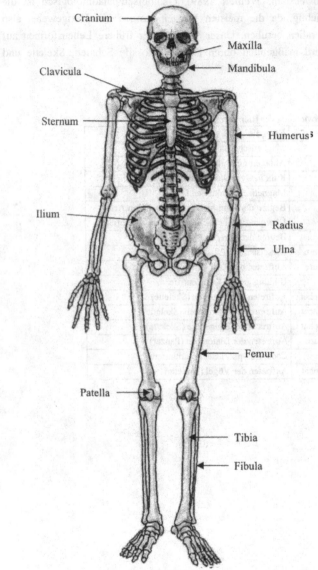

Abbildung 74: Die wichtigsten Knochen im humanen Skelett.

# Abkürzungen für Aminosäuren

| Aminosäure | 3-Buchstaben-Code | 1-Buchstaben-Code |
|---|---|---|
| Alanin | Ala | A |
| Arginin | Arg | R |
| Asparagin | Asn | N |
| Asparaginsäure | Asp | D |
| Cystein | Cys | C |
| Glutamin | Gln | Q |
| Glutaminsäure | Glu | E |
| Glycin | Gly | G |
| Histidin | His | H |
| Isoleucin | Ile | I |
| Leucin | Leu | L |
| Lysin | Lys | K |
| Methionin | Met | M |
| Phenylalanin | Phe | F |
| Prolin | Pro | P |
| Serin | Ser | S |
| Threonin | Thr | T |
| Tryptophan | Trp | W |
| Tyrosin | Tyr | Y |
| Valin | Val | V |

Asx und Glx werden verwendet, wenn es sich sowohl um Asparagin als auch um Asparaginsäure bzw. um Glutamin oder Glutaminsäure handeln kann.

# Glossar

Anmerkung: Die hier gegebenen Definitionen dienen einer schnellen Begriffsklärung im Zusammenhang dieses Buches und sind nicht unbedingt identisch mit den offiziellen (im Allgemeinen weit umfangreicheren) Definitionen. Die entsprechenden englischen Fachbegriffe sind in eckigen Klammern angegeben. Im Fall von lateinischen Bezeichnungen ist die englisch-adaptierte Übersetzung angegeben, da die lateinische Bezeichnung auch im Englischen gültig ist.

**Acantharia** [*acantharians*]: Marine Einzeller mit Skeletten aus Strontiumsulfat.

**ACC** [*amorphous calcium carbonate*]: Amorphes Calciumcarbonat.

**ACP** [*amorphous calcium phosphate*]: Amorphes Calciumphosphat.

**Aktivierungsenergie** [*activation energy*]: ($E_A$) Eine energetische Hürde, die überschritten werden muss, bevor eine chemische Reaktion ablaufen kann (typische Größenordnung einige 10 bis einige 100 kJ mol$^{-1}$). Die notwendige Energie kann z.B. durch Zufuhr von Wärme oder von Licht aufgebracht werden. Systeme, die die notwendige Aktivierungsenergie nicht aufweisen, bezeichnet man als metastabil.

**allogen** [*allogenic*]: von anderen humanen Spendern kommend (bei Transplantaten).

**Ameloblasten** [*ameloblasts*]: Zellen, die Zahnschmelz (Enamel) bilden.

**amorpher Festkörper** [*amorphous solid*]: Ein Festkörper ohne Fernordnung, d.h. ohne periodische Anordnung der Bausteine und ohne Elementarzellen. In der Röntgenbeugung sind diese Materialien „röntgenamorph", d.h. sie weisen keine Beugungsreflexe auf. Gläser werden meist auch dazu gerechnet. Gläser kann man als unterkühlte Flüssigkeiten mit Nahordnung der Atome aber ohne Fernordnung auffassen.

**Analytische Elektronenmikroskopie** [*analytical electron microscopy*] (auch energiedispersive Röntgenspektroskopie, EDX [*energy dispersive x-ray spectroscopy*]): Eine meist in Kombination mit der abbildenden Elektronenmikroskopie eingesetzte Technik, die die charakteristische Röntgenstrahlung aus einer mit Elektronen bestrahlten Probe untersucht. Es lassen sich die in einer Probe vorhandenen Elemente halbquantitativ detektieren. Unter Umständen ist auch die quantitative Mengenanalyse und damit die Bestimmung der Probenstöchiometrie möglich.

**Apatit** [*apatite*] siehe Hydroxylapatit.

**Aragonit** [*aragonite*]: Ein gemessen am Calcit etwas instabileres Polymorph des Calciumcarbonats $CaCO_3$.

**Arrhenius-Gleichung** [*Arrhenius equation*]: Beschreibt die exponenzielle Temperaturabhängigkeit der Geschwindigkeitskonstante vieler chemischer Reaktionen und führt die Aktivierungsenergie ein.

**Arthropoda** [*arthropoda*]: Gliederfüßler, u.a. Spinnentiere, Crustaceae und Insekten.

**Autogene Transplantate** [*autogeneous transplants*]: auch autologe Transplantate; Transplantation von körpereigenem Spendermaterial, d.h. Spender und Empfänger sind identisch.

**Aves** [*aves*]: Vögel.

**BCP** [*biphasic calcium phosphate*]: Biphasisches Calciumphosphat, ein inniges Gemisch aus Hydroxylapatit und β-TCP.

**Bivalvia** [*bivalvia*]: Muscheln (mit zwei Schalen).

**BMPs** [*bone morphogenetic proteins*]: Eine Gruppe von Proteinen, die u.a. knochenwachstumsfördernde Eigenschaften aufweisen. Die einzelnen Vertreter werden oft abgekürzt als BMP-1, BMP-2 usw. bezeichnet.

**Biogläser** [*bioglass*]: Eine röntgenamorphe Werkstoffklasse auf der Basis von im wesentlichen $SiO_2$, $P_2O_5$ und $CaO$ (in vernetzter Form), insbesondere für den Einsatz als Biomaterial im Knochenbereich.

**Bioinert** [*bioinert*], **biotolerant** [*biotolerant*], **biokompatibel** [*biocompatible*], **bioaktiv** [*bioactive*]: Unterschiedliche Abstufungen der Wechselwirkung eines Implantats mit dem umgebenden Gewebe.

**Bovin** [*bovine*]: Von Rindern stammend.

**Braggsche Gleichung** [*Bragg's equation*]: Eine häufig in der Kristallographie verwendete Beziehung zwischen der Wellenlänge von Röntgenstrahlung ($\lambda$), die zur Beugung der Ordnung $n$ an einem Kristallgitter mit dem Netzebenenabstand $d$ unter einem Winkel $\Theta$ führt: $n \cdot \lambda = 2d \cdot \sin\Theta$.

**Calcit** [*calcite*]: Das thermodynamisch stabilste Polymorph des Calciumcarbonats $CaCO_3$.

**caudal** [*caudal*]: anatomisch: näher in Richtung der Füße. Gegenteil: cranial.

**CDHA** [*calcium deficient hydroxyapatite*]: Eine Hydroxylapatit-Phase, in der ein Teil der Phosphat-Gruppen durch Hydrogenphosphat ersetzt ist, so dass Calcium-Ionen fehlen.

**Cephalopoda** [*cephalopods*]: „Kopffüßler"; eine Klasse der Mollusken, die z.B. Tintenfische und Kraken umfasst.

**Chondroblasten** [*chondroblasts*]: Knorpelbildende Zellen.

**Coccolithophoridae** [*coccolithophores*]: Marine Einzeller (Kalkalgen) mit $CaCO_3$-Panzern (Calcit).

**Coelenterata** [*coelenterates*]: Hohltiere, z.B. Quallen, Korallen.

**Copolymer** [*copolymer*]: Ein Polymer, das aus mindestens zwei unterschiedlichen Monomer-Einheiten besteht (z.B. PGLA: Poly(glycolid-*co*-lactid).

**cranial** [*cranial*]: anatomisch: näher in Richtung des Kopfes. Gegenteil: caudal.

**Cranium** [*cranium*]: Schädel.

**Crustacea** [*crustaceans*]: Krustentiere/Krebstiere, z.B. Krabben, Krebse, Hummer, Asseln.

**Dahllit** [*dahllite*]: Mineralogische Bezeichnung für das Knochen- und Zahnmineral: Hydroxylapatit mit Carbonat-Substitution und kleinen Anteilen anderer Ionen.

**DCPA** [*dicalcium phosphate anhydrate*]: Dicalciumphosphat-Anhydrat $CaHPO_4$ (auch: Monetit [*monetite*]).

**DCPD** [*dicalcium phosphate dihydrate*]: Dicalciumphosphat-Dihydrat $CaHPO_4 \cdot 2\ H_2O$ (auch: Brushit [*brushite*]).

**Dentin** [*dentin*]: Zahnbein; das innen liegende Biomineral eines Zahns mit großer Ähnlichkeit zum Knochen.

**Diatomea** [*diatoms*]: Marine Einzeller (Kieselalgen) mit Zellwänden aus Kieselsäure.

**distal** [*distal*]: anatomisch: von der Körpermitte entfernter. Gegenteil: proximal.

**dorsal** [*dorsal*]: anatomisch: Zum Rücken hin gerichtet. Gegenteil: ventral.

**Duktilität** [*ductility*]: Die mechanische Verformbarkeit eines Materials (z.B. durch Walzen oder Biegen). Metalle sind im Allgemeinen duktil, im Gegensatz zu den spröden Keramiken.

**Echinodermata** [*echinoderms*]: Stachelhäuter, z.B. Seeigel, Seesterne.

**Einkristall** [*single crystal*]: Ein geordneter Festkörper, der aus der dreidimensional-periodischen Anordnung einer Elementarzelle besteht. Das bedeutet, dass alle Elementarzellen die gleiche räumliche Orientierung besitzen. Häufig weist ein Einkristall die Symmetrie der mikroskopischen Elementarzelle auf (z.B. würfelförmig, rhomboedrisch). Einkristalle werden für die Röntgenstrukturanalyse benötigt.

**Elastizitätsmodul** [*Elasticity modulus*; *E-Modulus*; *Young's modulus*]: Ein Maß für die Verformbarkeit eines Werkstoffs, das in Pa(scal) angegeben wird. Harte Werkstoffe haben hohe E-Moduli (Bereich GPa), weiche Werkstoffe haben niedrige E-Moduli (Bereich kPa bis MPa).

**Elementarzelle** [*unit cell*]: Der Elementarbaustein eines Kristalls, der sich periodisch in allen drei Raumrichtungen wiederholt (sogenannte Translationssymmetrie). Geometrisch handelt es sich um ein Parallelepiped, das durch drei Kantenlängen ($a$, $b$, $c$) und drei Winkel ($\alpha$, $\beta$, $\gamma$) charakterisiert ist. Die Abmessung liegen im Bereich von einigen Å.

**Enamel** [*enamel*]: Zahnschmelz; das außen liegende Biomineral eines Zahns.

**Enthalpie** [*enthalpy*]: Eine thermodynamische Funktion ($\Delta H$), die bei konstantem Druck der Wärmetönung (d.h. Abgabe oder Aufnahme von thermischer Energie) einer Reaktion entspricht.

**Entropie** [*entropy*]: Eine thermodynamische Funktion ($S$), die man als Maß für den Grad der Ordnung in einem System auffassen kann. Ungeordnete Systeme (z.B. Gase) haben eine höhere Entropie als geordnete Systeme (z.B. Kristalle).

**Ermüdung** [*fatigue*]: Der Verlust der mechanischen Integrität eines Materials durch fortgesetzte mechanische Belastung (z.B. vielfaches Biegen).

**Erythrozyten** [*erythrocytes*]: Rote Blutkörperchen; verantwortlich für den Sauerstofftransport im Blut.

**Evertebraten** [*invertebrates*]: Wirbellose.

**Femur** [*femur*]: Oberschenkelknochen.

**Fibroblasten** [*fibroblasts*]: Zellen, die Bindegewebe erzeugen.

**Fibula** [*fibula*]: Unterschenkelknochen (neben der größeren Tibia).

**Foraminifera** [*foraminifera*]: Marine Einzeller (keine Algen) mit $CaCO_3$-Skeletten (Calcit)

**Freie Enthalpie** [*free enthalpy; Gibb's enthalpy*]: Eine thermodynamische Funktion ($\Delta G$), die die Gangbarkeit einer chemischen Reaktion angibt. Nur Reaktionen mit negativem $\Delta G$ laufen freiwillig ab.

**Gastropoda** [*gastropods*]: Bauchfüßer, Schnecken.

**Glas** [*glass*]: Eine ungeordnete Form eines Festkörpers. Siehe amorphe Festkörper.

**Glastemperatur** oder Glasübergangstemperatur [*glass transition temperature*]: $T_g$ oder $T_{gt}$; eine Materialeigenschaft von amorphen und teilkristallinen Polymeren, die unterhalb der Glastemperatur hart und spröde und oberhalb der Glastemperatur weich und elastisch sind.

**Härte** [*hardness*]: Die Fähigkeit eines Materials, äußeren mechanischen Einflüßen ohne Deformation zu widerstehen.

**Humerus** [*humerus*]: Oberarmknochen.

**Hydrophil** [*hydrophilic*]: „wasserliebend"; Oberflächen, die gut von Wasser benetzt werden.

**Hydrophob** [*hydrophobic*]: „wasserabstoßend"; Oberflächen, die schlecht von Wasser benetzt werden (daher oft lipophil = „fettliebend").

**Hydroxylapatit** oder Hydroxyapatit [*hydroxyapatite*]: $Ca_5(PO_4)_3OH$ bzw. $Ca_{10}(PO_4)_6(OH)_2$.

**Implantat** [*implant*]: Ein medizinisch funktionales Objekt, das in den Körper eingebracht wird.

**Infrarot-Spektroskopie** [*infrared spectroscopy*]: siehe Schwingungsspektroskopie.

**Integrine** [*integrins*]: Rezeptoren an Zelloberflächen, die besonders an die extrazelluläre Matrix (z.B. die RGD-Sequenzen des Kollagens) binden.

**Keimbildung** [*nucleation*]: Die Bildung der ersten mikroskopisch kleinen Festkörper-Aggregate bei der Ausfällung von Feststoffen. Sie ist die Ursache für die kinetische Hemmung der meisten Kristallisationsvorgänge. Man unterscheidet homogene Keimbildung (im Volumen einer Lösung) und heterogene Keimbildung (an Oberflächen, z.B. Gefäßwänden). Die Keimbildungshemmung kann durch Zugabe von Impfkristallen überwunden werden.

**Kieselsäure** [*silicic acid*; *silica*]: $SiO_2 \cdot n\ H_2O$; röntgenamorpher, glasartiger Werkstoff.

**Kinetik** [*kinetics*]: Die Kinetik oder Reaktionskinetik befasst sich mit der Geschwindigkeit chemischer Reaktionen. Der entsprechende Parameter ist die Geschwindigkeitskonstante $k$, die von Temperatur (gemäß der Arrhenius-Gleichung) und Druck abhängig ist.

**Kollagen** [*collagen*]: Ein strukturbildendes Faserprotein, das insbesondere in Haut, Sehnen und Knochen vorkommt. 15 Typen (I bis XV) sind bekannt; im Knochen kommt Kollagen I vor.

**Korrosion** [*corrosion*]: Die Schädigung eines Materials durch chemischen oder elektrochemischen Angriff, z.B. das Rosten.

**Kortikalis** [*cortical bone*]: Kompakter Knochen (Außenseite eines Knochens).

**Kriechen** [*creep*]: Das langsame „Nachgeben" eines Materials unter Druck unterhalb der eigentlichen Verformungsgrenze.

**Kristall** [*crystal*]: Eine hochgeordnete Form eines Festkörpers, in der die konstituierenden Bausteine (Atome, Moleküle, Ionen) eine regelmäßige Anordnung einnehmen. Kennzeichnend ist die Fernordnung in einem Kristall, d.h. eine periodische Anordnung der Elementarzellen. Die Strukturen von Kristallen werden im Allgemeinen mittels Röntgenstrukturanalyse aufgeklärt. Nichtkristalline Festkörper werden als amorph oder glasartig bezeichnet. Flächen in Kristallen (auch Oberflächen) werden durch die Millerschen Indizes beschrieben.

**Kristallographie** [*crystallography*]: Die Lehre von Kristallen und ihren Eigenschaften (vor allem Strukturen auf atomarer Ebene; elektrische, mechanische, optische, thermische Eigenschaften).

**Kristallstruktur** [*crystal structure*]: Die Beschreibung der Anordnung der Bausteine eines Kristalls auf mikroskopischer Ebene, gekennzeichnet durch Elementarzelle, Raumgruppe und Atomkoordinaten.

**Leukozyten** [*leucocytes*]: Weiße Blutkörperchen; Bestandteil des körpereigenen Abwehrsystems.

**Löslichkeit** [*solubility*]: Die Menge eines Stoffes in g oder mol, die sich in einer gegebenen Menge eines Lösungsmittel auflöst, d.h. molekular dispergieren läßt. Bei reinen Stoffen, konstanter Temperatur und konstantem Druck ist die Löslichkeit eine thermodynamische Stoffkonstante. Für schwerlösliche Salze wird die Löslichkeit oft als Löslichkeitsprodukt der Konzentrationen der beteiligten Ionen angegeben: $L(\text{PbI}_2) = [\text{Pb}^{2+}] \cdot [\text{I}^-]^2$ (Dimension in diesem Fall $M^3$).

**Mammalia** [*mammals*]: Säugetiere.

**Mandibula** [*mandible*]: Unterkiefer.

**Maxilla** [*maxilla*]: Oberkiefer.

**MCPA** [*monocalcium phosphate anhydrate*]: Monocalciumphosphat-Anhydrat $Ca(H_2PO_4)_2$.

**MCPM** [*monocalcium phosphate monohydrate*]: Monocalciumphosphat-Monohydrat $Ca(H_2PO_4)_2 \cdot H_2O$.

**Millersche Indices** [*Miller indices*]: Zur Kennzeichnung von Kristallflächen verwendete Symbole $(h\,k\,l)$. Diese werden beschrieben durch die ganzzahligen reziproken Achsenabschnitte der entsprechenden Netzebene, die durch den Kristall läuft. Negative Werte (z.B. $-1$) werden oft als Strich über der Zahl angegeben (z.B. $\bar{1}$).

**Mollusken** [*mollusks*]: Mollusca; Weichtiere, z.B. Schnecken, Muscheln, Tintenfische.

**Monomer** [*monomer*]: Wiederholeinheit in einem Polymer, z.B. Ethylen $H_2C{=}CH_2$ in Polyethylen $(CH_2\text{-}CH_2\text{-})_n$.

**Netzebene** [*lattice plane*]: Mathematische Projektion einer Ebene durch einen Kristall, die durch die drei Millerschen Indizes $(h\,k\,l)$ beschrieben wird. Jeder Netzebene kann über die Braggsche Gleichung ein Beugungsreflex zugeordnet werden. Der Abstand zwischen zwei gleichartigen Netzebenen ist konstant $(d)$.

**OCP** [*octacalcium phosphate*]: Octacalciumphosphat $Ca_8(HPO_4)_2(PO_4)_4 \cdot 5\ H_2O$.

**Oligomer** [*oligomer*]: Ein „kurzkettiges Polymer", das typischerweise aus bis zu 10 Monomereinheiten besteht.

**Odontoblasten** [*odontoblasts*]: Dentinbildende Zellen in Zähnen.

**Osteoblasten** [*osteoblasts*]: Knochenbildende Zellen, die Calciumphosphat ausscheiden und Kollagen produzieren.

**Osteocalcin** [*osteocalcin*]: Ein nicht-Kollagenes Protein der Knochenmatrix; Marker für Osteoblasten in der Histologie.

**osteoinduktiv** [*osteoinductive*]: Ein Knochenersatzmaterial, das die Knochenneubildung über das natürliche Maß hinaus stimuliert, bezeichnet man als osteoinduktiv.

**Osteoklasten** [*osteoclasts*]: Knochenauflösende Zellen mit mehreren Zellkernen, die Calciumphosphat durch Ausbildung eines sauren Kompartiments („*ruffled border*") und Kollagen durch Enzyme (Kollagenasen) auflösen. Im Knochen bleiben Resorptionslakunen (*lacunae*) zurück.

**Osteokonduktiv** [*osteoconductive*]: Ein poröses Knochenersatzmaterial, das im Kontakt mit natürlichem Knochengewebe das Einwachsen von Knochengewebe begünstigt, bezeichnet man als osteokonduktiv.

**Osteosynthese** [*osteosynthesis*]: Knochenbruchbehandlung.

**Osteozyten** [*osteocytes*]: Im Knochengewebe vorliegende vitale Zellen.

**Ostwaldsche Stufenregel** [*Ostwald's step rule*]: Bei vielen Fällungen kristallisiert bevorzugt die metastabile Phase eines Stoffes aus, d.h. die energiereichere Phase (siehe auch Polymorphie).

**Ostwald-Reifung** [*Ostwald ripening*]: Ein Umkristallisationsprozess, der dazu führt, dass große Kristalle in einer gesättigten Lösung mit Bodensatz auf Kosten der kleineren Kristalle wachsen. Mit der Zeit nimmt also die mittlere Korngröße zu.

**PBS** [*phosphate buffered saline solution*]: 150 mM NaCl-Lösung, die mit 20 mM Phosphat meist auf einen pH-Wert von 7.4 gepuffert wird.

**PDGF** [*platelet derived growth factor*]: Ein Wachstumsfaktor, der bei der Wundheilung eine Rolle spielt und auf die Blutgerinnung wirkt.

**Plasmaspray-Verfahren** [*plasma spray*]: Ein technisches Beschichtungsverfahren, bei dem das Beschichtungsmaterial in einer sehr heißen Plasmaflamme aufgeschmolzen und dann auf einem Substrat abgeschreckt wird.

**Plastizität** [*plasticity*]: Dauerhafte (irreversible) Verformung eines Materials bei Krafteinwirkung. Gegenteil: Elastizität.

**Polymer** [*polymer*]: Ein Material, das aus einer Verknüpfung von identischen Wiederholeinheiten besteht, z.B. Polyethylen $(CH_2=CH_2)_n$. Wichtige Stoffparameter sind die mittlere Kettenlänge $n$, die Kristallinität (Grad der Ordnung der Festkörper) und die Glastemperatur.

**Polymorphie** [*polymorphism*]: Das Auftreten einer chemischen Verbindung (z.B. $CaCO_3$) in mehreren möglichen Kristallstrukturen (z.B. Calcit, Aragonit, Vaterit). Bei gleicher chemischer Zusammensetzung unterscheiden sich diese festen Phasen in ihren chemischen und physikalischen Eigenschaften, z.B. Löslichkeit, Auflösungsgeschwindigkeit, Kristallisationsgeschwindigkeit, Leitfähigkeit, Härte, Brechungsindex u.a.

**Primäre Zellen** [*primary cells*]: Von Spendern (Tieren oder Menschen) gewonnene Zellen (z.B. Osteoblasten).

**proximal** [*proximal*]: anatomisch: näher an der Körpermitte. Gegenteil: distal.

**Pulverdiffraktometrie** [*powder diffraction*]: Die Beugung von Röntgenstrahlen an kristallinen Pulvern liefert substanzspezifische Beugungsdiagramme, die zur Identifizierung, zur Phasenanalyse und zur Abschätzung der Kristallitgröße genutzt werden können.

**Radiolaria** [*radiolarians*]: Marine Einzeller mit Kieselsäure-Skeletten.

**Radius** [*radius*]: Unterarmknochen (neben Ulna).

**Raman-Spektroskopie** [*Raman spectroscopy*]: siehe Schwingungsspektroskopie.

**Rasterelektronenmikroskopie (REM)** [*scanning electron microscopy; SEM*]: Eine mikroskopische Methode, bei der die Oberfläche einer Probe mit einem feinen Elektronenstrahl abgerastert wird, so dass ein Bild mit hoher Tiefenschärfe entsteht (Auflösung 5 bis 10 nm).

**Raumgruppe** [*space group*]: Die Gesamtheit der Symmetrieelemente eines Kristalls (mathematische Identität, Spiegelebenen, Drehachsen, Inversionszentren, Drehinversionsachsen, Gleitspiegelebenen, Schraubenachsen), die mathematisch einer Gruppe entspricht (Gruppentheorie). Wichtig für die Charakterisierung einer Kristallstruktur. Beispiele: $P2_1/c$, $P1$, $C2/c$.

**Röntgenabsorptionsspektroskopie** [*x-ray absorption* spectroscopy; *extended x-ray absorption fine structure*] (EXAFS; auch XAFS oder XAS): Eine Methode zur strukturellen Untersuchung von Materie in beliebigen Aggregatzuständen, die elementselektiv die Nahordnung auf einer Å-Skala liefert. Wichtig insbesondere zur Analyse von röntgenamorphen Festkörpern.

**Röntgenbeugung** [*x-ray scattering; x-ray diffraction*]: Die Wechselwirkung von Röntgenstrahlen (=Photonen) mit periodisch strukturierten Festkörpern (Kristallen) führt zu Beugungseffekten, die meist durch die Braggsche Gleichung wiedergegeben werden. Man unterscheidet aus praktischen Gründen Beugung an Einkristallen (siehe Röntgenstrukturanalyse) und Beugung an Pulvern (siehe Pulverdiffraktometrie). Für die Beugung von Neutronen und Elektronen gelten im Prinzip die gleichen Regeln.

**Röntgenstrukturanalyse** [*x-ray structure analysis*]: Eine kristallographische Methode zur Bestimmung der atomaren Struktur von Festkörpern. Sie beruht auf der Beugung von Röntgenstrahlen an geordneten (periodischen) Kristallgittern. Im Allgemeinen werden Einkristalle mit Abmessungen von mindestens 1/10 mm in allen drei Raumrichtungen benötigt. Für amorphe oder glasartige Festkörper ist die Methode nicht anwendbar.

**Schwingungsspektroskopie** [*vibrational spectroscopy*]: Zusammenfassend für Infrarot- und Ramanspektroskopie, die beide die Anregung von chemischen Bindungen und von Kristallgitterschwingungen mittels infraroter Strahlung (Wellenlänge ca. 2.5 bis 25 µm) umfassen. Die Lage der charakteristischen Schwingungsbanden von Molekülen (z.B. C-H) und Ionen (z.B. $CO_3^{2-}$) ist aus Tabellen zu entnehmen.

**Spongiosa** [*spongy bone*]: „schwammartiger" poröser Knochen (innerer Teil des Knochens).

**Sternum** [*sternum*]: Brustbein.

**TCP** [*tricalcium phosphate*]: Tricalciumphosphat $Ca_3(PO_4)_2$. Es gibt zwei Modifikationen: $\alpha$-TCP (Hochtemperatur) und $\beta$-TCP (Tieftemperatur); Umwandlungstemperatur ca. 1125 °C.

**Thermogravimetrie** [*thermogravimetry*]: Eine thermoanalytische Methode, bei der das Gewicht einer Probe als Funktion der Temperatur (im Allgemeinen beim Aufheizen) verfolgt wird. Aus den Gewichtsänderungen lassen sich quantitative Rückschlüsse auf chemische Reaktionen (z.B. Zersetzungsvorgänge, Korrosionsvorgänge) ziehen.

**Thrombozyten** [*thrombocytes* oder *platelets*]: Blutplättchen; Zellfragmente ohne Kern; verantwortlich für Blutgerinnung.

**Ti6Al4V**: Eine Titanlegierung aus 90 % Ti, 6 % Al und 4 % V (Gewichtsprozent).

**Tibia** [*tibia*]: Unterschenkelknochen (neben der kleineren Fibula).

**Transmissionselektronenmikroskopie** [*transmission electron microscopy*] (TEM): Eine elektronenmikroskopische Methode, bei der dünne Proben (ca. 50-200 nm dick) von Elektronen durchstrahlt werden. Die Auflösung beträgt bis zu 0.1 nm. Von einzelnen kristallinen Bereichen können Elektronenbeugungsaufnahmen angefertigt werden, die Rückschlüsse auf die Kristallstruktur erlauben.

**TTCP** [*tetracalcium phosphate*]: Tetracalciumphosphat $Ca_4(PO_4)_2O$.

**UHMWPE** [*ultra-high molecular weight polyethylene*]: Polyethylen mit sehr hoher Molmasse (ca. $2 \cdot 10 \cdot 10^6$ g mol$^{-1}$).

**Ulna** [*ulna*]: Unterarmknochen (neben Radius).

**UV-Spektroskopie** [*UV spectroscopy*]: Anregung von Elektronen durch UV-Strahlung (Wellenlänge ca. 1-1000 nm), charakteristisch insbesondere für farbige Substanzen und Moleküle mit Mehrfachbindungen. Der sichtbare Bereich (ca. 400-800 nm) wird auch als VIS bezeichnet.

**van Gieson-Färbung** [*van Gieson stain*]: Histologische Färbemethode für Kollagen.

**Vaterit** [*vaterite*]: Ein gegenüber Calcit und Aragonit thermodynamisch metastabiles Polymorph des Calciumcarbonats $CaCO_3$.

**VEGF** [*vascular endothelial growth factor*]: Ein angiogenetischer Wachstumsfaktor, der insbesondere die Vaskularisierung (Gefäßbildung) anregt (wirkt insbesondere auf Endothelzellen).

**ventral** [*ventral*]: Anatomisch: Zum Bauch hin gerichtet. Gegenteil: dorsal.

**Verschleiß** [*wear*]: Abrieb und Materialverlust durch fortlaufende mechanische Oberflächenbeanspruchung.

**Vertebraten** [*vertebrates*]: Craniata; Wirbeltiere.

**von Kossa-Färbung** [*von Kossa stain*]: Histologische Färbemethode für Calciumphosphat.

**Xenogene Transplantate** [*xenogeneous transplants*]: Transplantate von tierischen Spendern für humane Empfänger.

**Zelllinien** [*cell lines*]: Subkultivierte primäre Zellen (auch Tumorzellen), die über eine längere Zeit hin kultiviert werden können.

# Weiterführende Literatur

**Kapitel 1-4:**

A. R. West, *Grundlagen der Festkörperchemie*, VCH, Weinheim 1992.

A. F. Hollemann, E. Wiberg, *Lehrbuch der Anorganischen Chemie*, deGruyter, Berlin 1995.

W. Göpel, C. Ziegler, *Einführung in die Materialwissenschaften: physikalisch-chemische Grundlagen und Anwendungen*, Teubner, Stuttgart 1996.

D. R. Askeland, *Materialwissenschaften*, Spektrum Akademischer Verlag, Heidelberg 1996.

C. E. Mortimer, *Chemie*, Thieme, Stuttgart 1996.

L. Smart, E. Moore, *Einführung in die Festkörperchemie*, Vieweg, Braunschweig/Wiesbaden 1997.

W. Kleber, H. J. Bautsch, J. Bohm, *Einführung in die Kristallographie*, Verlag Technik, Berlin 1998.

W. Massa, *Kristallstrukturbestimmung*, Teubner, Wiesbaden 2002.

P. A. Atkins, J. A. Beran, *Chemie - einfach alles*, Wiley-VCH, Weinheim 1998.

R. Davey, J. Garside, *From molecules to crystallizers. An Introduction to crystallization*, Oxford University Press, New York 2000.


**Kapitel 5-9:**

W. Kaim, B. Schwederski, *Bioanorganische Chemie*, Teubner, Wiesbaden 2003.

R. Z. LeGeros, *Calcium phosphates in oral biology and medicine*, Karger, Basel 1991.

D. F. Williams, *Medical and dental materials* in R. W. Cahn, P. Haasen, E. J. Kramer (Eds.): *Materials Science and Technology*, Vol. 14, VCH, Weinheim 1992.

J. C. Elliot, *Structure and chemistry of the apatites and other calcium orthophosphates*, Elsevier, Amsterdam 1994.

R. Schnettler, E. Markgraf, *Knochenersatzmaterialien und Wachstumsfaktoren*, Thieme, Stuttgart-New York 1997.

S. Ernst, H. H. Caesar, *Die Nichtmetalle in der Zahntechnik*, Verlag Neuer Merkur, München 1998.

G. Rau, R. Ströbel, *Die Metalle in der Zahntechnik*, Verlag Neuer Merkur, München 1999.

D. L. Wise, *Biomaterials and bioengineering handbook*, Marcel Dekker, New York 2000.

L. Yahia, *Shape memory implants*, Springer, Berlin 2000.

W. A. Brantley, T. Eliades, *Orthodontic materials. Scientific and clinical aspects*, Thieme, Stuttgart 2001.

E. Wintermantel, S. W. Ha, *Medizintechnik mit biokompatiblen Werkstoffen und Verfahren*, Springer 2002.

**Kapitel 10-12:**

B. S. C. Leadbeater, R. Riding, *Biomineralization in lower plants and animals. The Systematics Association,* Vol. 30, Oxford University Press, Oxford 1986.

H. A. Lowenstam, S. Weiner, *On biomineralization,* Oxford University Press, New York 1989.

S. Mann, *Biomimetic materials chemistry,* VCH, Weinheim 1996.

M. F. Teaford, M. M. Smith, M. W. J. Ferguson, *Development, function and evolution of teeth,* Cambridge University Press, Cambridge 2000.

E. Baeuerlein, *Biomineralization,* Wiley-VCH, Weinheim 2000.

S. Mann, *Biomineralization,* Oxford University Press, Oxford 2001.

# Index